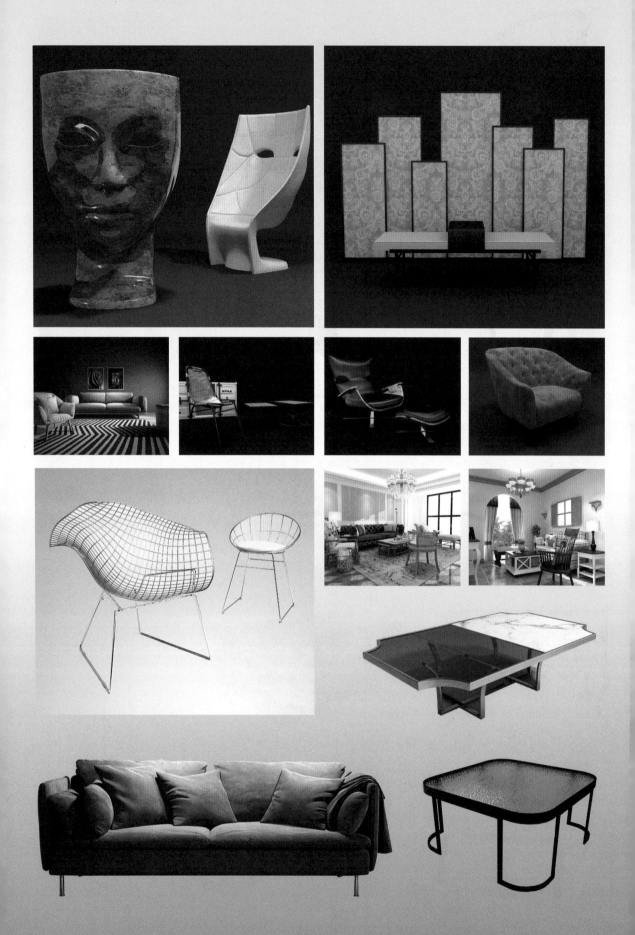

"十四五"职业教育国家规划教材

家具与家居
VRay
渲染

陈惠华 著

中国轻工业出版社

图书在版编目（CIP）数据

家具与家居VRay渲染 / 陈惠华著. —北京：中国轻工
业出版社，2024.8
ISBN 978-7-5184-2089-6

Ⅰ.①家… Ⅱ.①陈… Ⅲ.①家具—计算机辅助设计—三
维动画软件 ② 室内装饰设计—计算机辅助设计—三维动画软件
Ⅳ.① TS664.01-39 ② TU238-39

中国版本图书馆 CIP 数据核字（2018）第 207126 号

责任编辑：陈　萍　　　　　责任终审：劳国强　　整体设计：锋尚设计
策划编辑：林　媛　陈　萍　责任校对：吴大朋　　责任监印：张京华

出版发行：中国轻工业出版社（北京鲁谷东街5号，邮编：100040）
印　　刷：北京博海升彩色印刷有限公司
经　　销：各地新华书店
版　　次：2024年8月第1版第3次印刷
开　　本：787×1092　1/16　印张：14.5
字　　数：350千字
书　　号：ISBN 978-7-5184-2089-6　定价：59.00元
邮购电话：010-85119873
发行电话：010-85119832　010-85119912
网　　址：http://www.chlip.com.cn
Email：club@chlip.com.cn
版权所有　侵权必究
如发现图书残缺请与我社邮购联系调换
241418J2C103ZBW

前言

　　在家具造型的设计表达中，计算机绘图技术的便利性优于手工绘图，主要体现在家具表面质感、材料、纹路的表现上，通过电脑绘图，可还原家具真实的材料质感，同时可对家具进行局部放大、角度转换，并渲染想要的家具细节与色泽。家具设计在建模完成后，需有对应的材质对其模型表面进行二次处理来实现真实的产品效果。在此过程中，设计人员可根据家具模型的造型、风格随意搭配不同的材料质感贴图，按照现实进行虚拟，实现同一造型有不同的材质色泽效果，从而节约家具研发的成本。

　　本书以3DSMAX中插件VRay渲染器为讲解重点，是针对设计类专业的计算机绘图技术讲解。在众多渲染插件中，VRay渲染器灵活、易用、出图效率高，是国内设计专业人士进行方案设计的重要表达手段。VRay作为综合性强的渲染器，在学习中要灵活运用各项参数的设置，做到举一反三，尝试不同的渲染效果。

　　本书整体内容以家具与家居装饰的材质表现，按其材料类别、风格进行多种材质的分析与制作要点讲解。本书共分为3部分，各部分主要内容分述如下。

　　第1部分　VRay渲染器介绍。认识渲染器的工作界面，讲解其中的主要渲染参数，并通过案例数值对比进行参数设置要点分析。

　　第2部分　家具产品渲染表现。详细讲解不同家具材质的分类，细分至同类别材质的不同质感、饰面效果。如木类家具，则会细分出原木材质、擦漆做旧材质、漆金木材质、船木材质等。其中，家具材质渲染空间附带的环境、灯光素材可优化效果图的视觉表达效果。

　　第3部分　家具与家居空间渲染表现。详细讲解常见的单体家具、系列家具、家具与家居空间的渲染过程所需设置的相关参数。如欧式家居室内风格表现中，从设置摄像机角度、硬装相关材质、软装相关材质、灯光参数来分析参数的设置技巧，不同的案例给读者提供更多的参考。

　　由于家具材质渲染的内容较多，故本书撰写时，对不同分类的家具材质进行提炼，部分材质以二维码素材方式提供给读者，让读者在学习到本书内容的同时，能够获取更多素材资源。素材资源下载：（1）推荐优先选择通过浏览器扫描二维码进行下载。（2）通过网址下载全部内容：http://www.chlip.com.cn/qrcode/171076J2X101ZBW/ 家具与家居VRay渲染.rar

本书的编写与出版，得益于家具设计公司人员、高校专家与中国轻工业出版社的指导与筹划，向所有关心、支持和帮助本书出版的单位和人士表示衷心感谢。书中材质涉及广泛，作者水平有限，书中难免存在不足，在此恳请读者批评指正，提出宝贵意见。

陈惠华

2018年10月

目录

1 VRay 渲染器介绍

1.1　VRay 渲染器简介

1.1.1　什么是 VRay

·3D max 软件

　　3D Studio Max，常简称为3D max或3ds MAX，是Discreet公司开发的（后被Autodesk公司合并）基于PC系统的三维动画渲染和制作软件。

Autodesk_3ds_Max_2012_English_Win_32-64
bit.exe

3D max 2012 软件图标

　　本书中提及的渲染表现技法主要是通过3D max 2012中其功能最强大、易操作的插件——VRay渲染器。它也可以提供单独的渲染程序，方便使用者渲染各种图片效果。VRay是由专业的渲染器开发公司CHAOSGROUP和ASGVIS联合开发的渲染软件。以高品质的图像质量、快速的渲染速度和简单的操作过程，满足了人们对于渲染器的诸多苛刻要求，其渲染的效果准确性非常高，因此，被称作目前业界最受欢迎的渲染引擎。

VRay 渲染器软件图标

　　VRay渲染器具有反映真实光影追踪以及折射、反射的功能，VRay引擎发射出光线并且追踪这些光线，在追踪的过程中需要结合三维环境，比如：三维物体、灯光，甚至是天空。这些被追踪的光线包括色彩信息，可以创建一个带有颜色的"点"，也就是"像素"。无数个像素最终组成一幅图像。

　　VRay渲染器目前以第三方插件存在，有内置灯光和材质，如VrayMtl材质贴图。使用该材质配合VRay灯光能够获得更加准确的物理照明（光源折射、反射），更快渲染，参数调节更方便。同时，VRay拥有全局光照明和光线追踪等特色，这些功能特色令我们设计的方案能够快速、轻松地达到渲染表现效果。

　　在本书中，我们使用的3D max版本为：3D max 2012，使用的VRay版本为：V-Ray 2.0 SP1 for 3dsmax 2012。

1.1.2　VRay 渲染器的安装

　　在学习VRay渲染器之前，我们需要下载并安装VRay。由于官方没有提供简体中文版，因此，本书中将使用顶渲工作室提供的汉化版本，为了更方便学生掌握软件与知识点，本书中将使用VRay中文汉化版进行案例演示。

1 安装过程中，按提示步骤进行。

2 VRay渲染器会自动检测电脑中是否有安装对应其渲染器的3D max软件版本。

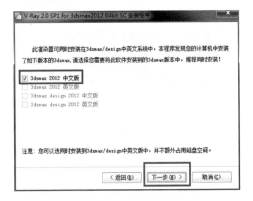

3 将VRay渲染器安装到3D max的目录路径下，完成安装。

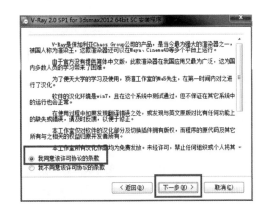

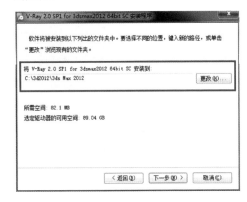

1.2 VRay 渲染器的基本设置

进入3D max软件界面后，需要设置一些基础界面的作图参数，例如：单位设置、环境和效果。并加载VRay渲染器为软件默认渲染器。

1 在菜单栏中的"渲染"选项，找到"环境和效果"快捷键 **8**，并将背景颜色改为白色。

2 在菜单栏中的"自定义"选项，点击"单位设置"，根据个人作图习惯设置成毫米或厘米。

1.2.1 VRay 界面介绍

VRay渲染器界面内容虽然众多，但常用到的渲染参数主要集中在渲染设置快捷键 **F10** 的三个选项卡，分别为："VR_基项""VR_间接照明""VR_设置"中的16个卷展栏240多个参数、选项和下拉列表，如图所示。虽然参数内容多，但最关键的设置和参数其实并不多，只要抓住几个重要的设置就能做出优秀的渲染效果。

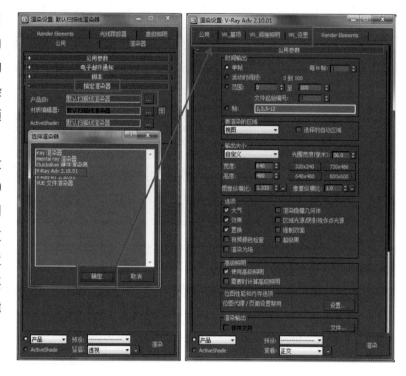

1.2.2 VRay 渲染参数设置

在VRay渲染器的三个选项卡中，最重要的设置为"VR_间接照明"，这里涉及影响效果图的一个重要设置，即"V-Ray:间接照明（全局照明）"。在不开启"全局照明"与开启了"全局照明"的示意图中，能看到开启"全局照明"的光线模拟效果会比不开启"全局照明"的图像呈现出更真实的光影效果。

直接照明下的空间

全局照明下的空间

1 展开"V-Ray:间接照明（全局照明）"选项，勾选"开启"复选框，开启全局照明，激活了全局照明的所有参数。

2 "V-Ray：间接照明（全局照明）"需要设置两次光线反弹的全局光引擎，即"首次反弹"和"二次反弹"。在它们下拉列表中各有四个选项。如果对这些选项进行排列组合，可得到16种组合结果。

3 这两个卷展栏中的排列组合，经大量研究发现，在大多数情况下，这两个下拉列表中选项的最佳组合为"首次反弹"→发光贴图、"二次反弹"→灯光缓存。这样的组合在渲染品质和耗时上具有优势，能取得一个较好的渲染表现效果。

4 当对"V-Ray:间接照明（全局照明）"设置好之后，下方会出现"V-Ray:发光贴图"和"V-Ray：灯光缓存"两个卷展栏。

5 "V-Ray:发光贴图"：点击当前预置中有8个选项，在做效果图测试的时候，可以选择较低的参数，如"非常低""低"；在做最终渲染效果图时则选择较高的参数，如"高""非常高"。专业用户则会选择"自定义"，以便对渲染进行更精准的控制。在渲染图像时，勾选"显示计算过程"。

"V-Ray:灯光缓存"：主要是为了效果图图像与图像光影呈现的质量。在计算参数中，细分值对渲染速度影响不大，但数值越小越容易出现黑斑，越大漏光就越明显。在渲染图像时，勾选"显示计算状态"。

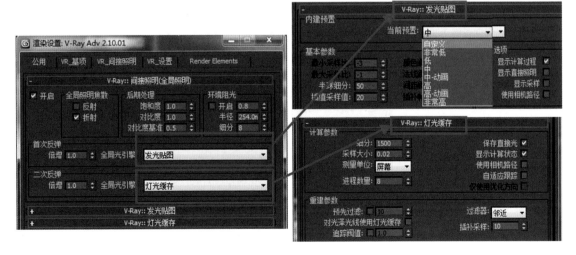

1.3 VRay 的摄像机

对于效果图而言，摄像机的设置至关重要，所有渲染画面的取景和构图几乎都离不开摄像机。3D max软件本身自带"标准"摄像机，而VRay渲染器也给用户提供了"物理"摄像机。本章节将会详细介绍VRay物理摄像机的操作和参数设置。

VRay的物理摄像机在3D max软件界面右侧的"创建"面板下拉列表中，选择VRay后，会出现VRay的摄像机，包含两类，即"VR_穹顶像机"和"VR_物理像机"。

1.3.1 VRay 穹顶摄像机

VRay穹顶摄像机类似于3D max自带的"标准"摄像机中的"自由"摄像机，没有目标点。调整拍摄方向只能通过旋转操作完成，一般不适合用作家居空间效果图取景。VRay穹顶摄像机的焦距很短，拍摄的效果类似于鱼眼镜头，画面会产生严重变形。

变形的空间视角

标准的空间视角

VRay穹顶摄像机的参数简单，只有"反转-X""反转-Y"和"视野"。

反转-*X*：即在*X*轴方向产生画面的翻转，但是翻转的效果无法在摄像机视图中直接显示出来，需要通过VRay渲染器才能渲染出其效果。

反转-*Y*：意思与反转-*X*相同。

视野：代表镜头的视野范围，单位为角度，取值越大，视野范围越远，变形效果越明显；反之，取值越小，则视野范围越近，变形效果越小。

1.3.2 VRay 物理摄像机

VRay物理摄像机对于家居空间效果图的制作极为重要，物理摄像机不仅可用来取景和构图，还可以校正画面的颜色、调节画面的亮度等，起到对画面进行整体调整的作用。

1 创建VRay物理摄像机一般在界面的顶视图进行，点击"VRay物理摄像机"，在顶视图中左键创建出摄像机，并根据构图拟定的方向进行拖移。

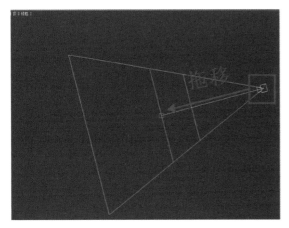

2 VRay物理摄像机的目标点和摄像机都可单独移动来调整视野和构图的角度。

3 摄像机视图画面可单击快捷键 **C**，可直接切换至摄像机视图。如果场景里有多个摄像机，则会出现"选择摄像机"对话框，让用户自行选择需要的摄像机。

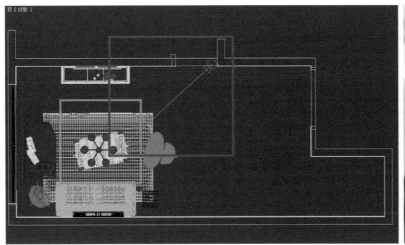

4 切换至摄像机视图画面后，要及时打开"显示安全框开关"快捷键 **Shift+F**，对摄像机创建的视野角度跟拍摄范围进行查看并调整，确保更准确地构图。

5 安全框的长宽比可通过"渲染设置"—"公用"中的"输出大小"—"图像纵横比"来调整。

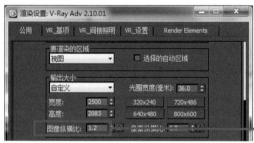

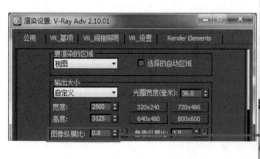

6 VRay物理摄像机的参数与真实的单反相机几乎完全一致，因此可以进行很多模拟真实环境取景的参数设置，加强效果图的渲染表现力。VRay物理摄像机要远胜于3D max软件自带的"标准"摄像机，在作图过程中可优先使用VRay物理摄像机。

1.3.3　摄像机与光影效果的表现技巧

VRay物理摄像机的参数面板共计5个卷展栏、50多个参数和选项。

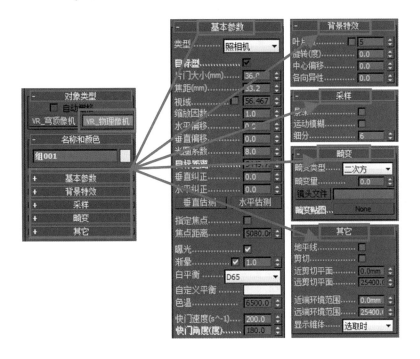

1 在VRay物理摄像机的5个卷展栏中，比较重要的只有4~5项，因此只要能够熟练设置这几项参数，就能很好地驾驭VRay物理摄像机的出图效果。这几个比较重要的选项分别为：基本参数 — 光圈系数、快门速度、感光速度（ISO）、白平衡等。

2 光圈系数：为了与真实相机拍摄效果接近，光圈系数常用的取值有2.0，4.0，8.0，11等。光圈系数与景深成正比，光圈系数越大，画面则越暗，渲染耗时则随着光圈系数的加大而减少。图示为光圈系数：2.0，4.0，8.0时的效果图画面。

光圈系数 2.0

光圈系数 4.0

光圈系数 8.0

3 快门速度：快门速度是控制渲染图像亮度的一个常用参数，相比之下，通过光源参数来改变场景亮度要快捷得多。曝光时间是快门速度的倒数，即快门速度设置为200，则曝光时间为1/200秒。所以取值越大，快门速度越快，曝光时间越短，效果图画面就越暗，渲染速度越快；反之，取值越小，快门速度越慢，曝光时间越长，画面越亮、越清晰，渲染速度越慢。图示为快门速度分别为：80，250时的效果图画面。

快门速度：80　　　　　　　　快门速度：250

4 感光速度（ISO）：数值越小，画质越好；数值越大，画面越亮，但画质有所下降。通常取值为默认值100即可获得很好的画质。图示为感光速度分别为：100，200，400时的效果图画面。

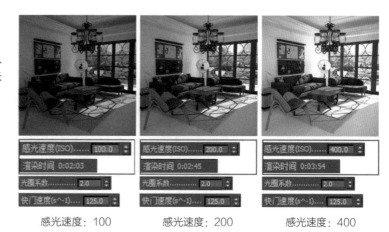

感光速度：100　　　感光速度：200　　　感光速度：400

5 白平衡：白平衡可以校正效果图画面的偏色，需要单击"白平衡"，选择"自定义"。在自定义平衡中将左图墙面进行校正，将颜色吸取至自定义平衡的右侧色块中。再次渲染时，被吸取的颜色将会被定义为纯白色，画面中与墙面相似的颜色也将相应地被校正。

1.4 VRay 的帧缓存渲染

1.4.1 帧缓存渲染窗口的打开

VRay渲染器自带了一个内建的帧缓存渲染窗口，这个渲染窗口具有很多调整效果图画面的功能，科学使用可大幅度提高渲染操作的效率。

1 渲染设置"VR_基项"：勾选"启用内置帧缓存"复选框。

2 点击"显示上次帧缓存VFB"按钮，将会打开帧缓存渲染窗口。

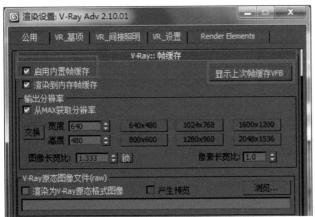 

1.4.2 帧缓存渲染的重要工具

帧缓存渲染窗口的上方和下方分别带有通用工具栏，上方的工具主要用于图像的查看，下方的工具主要用于图像的色调编辑。

RGB 通道

上方的工具栏应用介绍：

：控制画面的RGB通道、Alpha通道和单色显示效果。

：保存键，存储渲染好的效果图。

✖：用于清空帧缓存渲染窗口的画面。

🐾：复制图像至3D max自带渲染器窗口。

👆：区域渲染，允许用户在渲染画面中指定一块区域进行渲染。

👇：渲染图像。

下方的工具栏应用介绍：

![工具栏]

▭：显示校正控制。在使用其他工具对帧渲染框画面进行手动编辑前，需打开此按钮才能使用这些校对工具。

▥：使用色阶校正。打开该按钮后，将会使用"色彩校正"对话框中色阶的编辑结果。

◢：使用色彩曲线校正。打开该按钮后，将会使用"色彩校正"对话框中色彩曲线校正的编辑结果。

⚙：使用曝光校正。打开该按钮后，将会使用"色彩校正"对话框中曝光控制的编辑结果。

▦：打开该按钮后，将会显示在sRGB色彩空间的颜色。

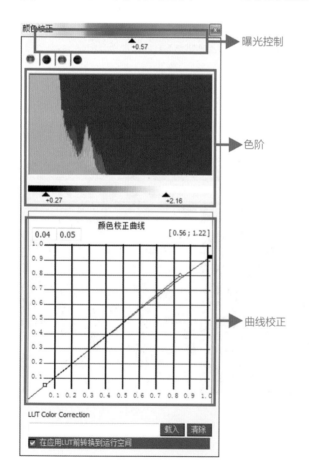

校正前和校正后的效果画面

1.5 VRay 渲染器常用的渲染方法

1.5.1 测试渲染参数

VRay的参数设置对于渲染速度会产生很大的影响，较高的参数能够获得品质高、效果清晰的图像，但也会消耗大量时间。因此，在测试阶段，为了提高效率，可将渲染参数调为较低的数值，待测试阶段，图像效果理想后，再将参数值提高。测试阶段的参数如下：

1 公用：在公用参数面板，输出大小值选择640毫米×480毫米。

2 VRay_基项：勾选"V-Ray:帧缓存"选项。

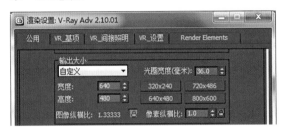

3 VRay_基项：在选项"V-Ray:图像采样器（抗锯齿）"中，将类型改为：自适应DMC、不勾选"抗锯齿过滤器"。

4 VRay_间接照明：开启"VRay_间接照明"，在"二次反弹"—"全局光引擎"中选择：灯光缓存。

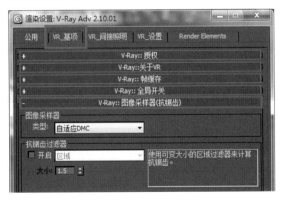

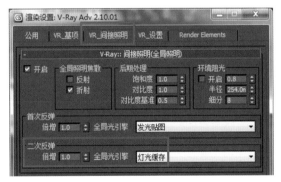

5 VRay_间接照明：在"V-Ray:灯光缓存"中，设细分100，并勾选"保存直接光"和"显示计算状态"复选框。

6 VRay_间接照明：在选项"V-Ray:发光贴图"中，将"当前预置"调为"非常低"，勾选"显示计算过程"复选框。

7 VRay测试参数保存：在"渲染设置：V-Ray Adv 2.10.01"参数面板的下方，找到"预设"复选框，点击"保存预设"。

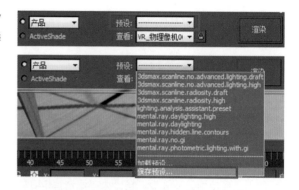

8 将VRay的测试渲染参数命名保存，方便日后直接调取参数进行快速测试渲染。

1.5.2 产品级渲染参数

VRay的产品级渲染参数设置，能够获得品质高、效果清晰的图像，但也会消耗大量时间。其产品级渲染参数如下：

1 公用：在"公用"选项中，在公用参数面板，输出大小值，在有固定的"图像纵横比"的比例约束下，选择图像"输出大小"中，"宽度"不少于3000毫米的输出参数值。输出的像素越高，则出图图像效果越细腻。

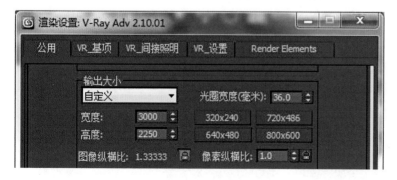

2 VR_基项：在"VR_基项"选项中，进入"V-Ray:帧缓存"参数面板，勾选"启用内置帧缓存"选项。

3 VRay_基项：在选项"VRay:图像采样器（抗锯齿）"选项，将"图像采样器"中类型修改为"自适应细分"，勾选"开启-抗锯齿过滤器"，选择抗锯齿过滤器类型为：Mitchell-Netravali。

4 VR_间接照明：在"V-Ray:间接照明（全局照明）"中，点击"开启-V-Ray:间接照明（全局照明）"，并在"二次反弹"—"全局光引擎"中选择：灯光缓存。

5 VR_间接照明：在选项"V-Ray:发光贴图"中，将"当前预置"调为"高"，勾选"显示计算过程"复选框。在"V-Ray:灯光缓存"中，设细分2000，并勾选"保存直接光"和"显示计算状态"复选框。

　　产品级的渲染参数面板与测试阶段的参数面板选项一致，内容不同，对于初学者而言，在设置的时候建议保存其预设的参数供日后做图使用。

1.5.3　局部渲染

　　局部渲染，是在全图渲染完成后，局部需要修改模型、材质或照明，可对修改的区域使用的一种有效节省时间的方法。由于局部渲染只会针对一块区域进行，渲染面积较小，因此渲染速度快，能节省大量的渲染时间。

　　V-Ray帧缓存：点击"区域渲染"，框选需要进行调整的图像。完成调整的部分后（如材质、模型造型、灯光等），点击渲染出图。

2 家具产品渲染表现

2.1　木类家具材质表现

2.1.1　家具原木材质

技术要点　在漫反射效果中添加混合选项，注意颜色与贴图参数的调整。

难度系数　

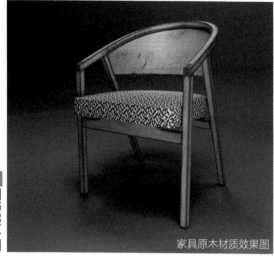

素材文件

家具原木材质效果图

1　调出渲染设置快捷键 **F10**，选择VRay渲染器，并对VRay渲染器中的"VR_基项"进行参数设置。

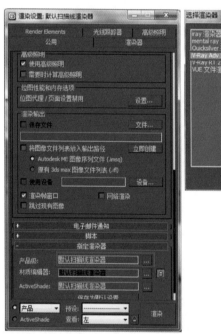

2　VR_基项：修改选项"V-Ray:帧缓存"。修改选项"V-Ray:图像采样器（抗锯齿）"，类型：自适应DMC，不勾选"抗锯齿过滤器"。

3 VR_间接照明

① 修改选项"V-Ray:间接照明（全局照明）"，将"二次反弹"—"全局光引擎"改为：灯光缓存。

② VR_间接照明：修改选项"V-Ray:灯光缓存"，细分：100，勾选"保存直接光"和"显示计算状态"复选框。

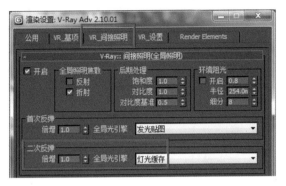

③ VR_间接照明：修改选项"V-Ray:发光贴图"，当前预置：非常低，勾选"显示计算过程"复选框。

4 在3D max菜单栏中找到"自定义"中的"首选项"设置，找到"Gamma和LUT"的选项框，取消勾选"启用Gamma/LUT校正"。

5 首选项设置：找到"Gizmo"的选项框，勾选"变换Gizmo"的"启用"，并确定，即完成了渲染测试参数的设置。

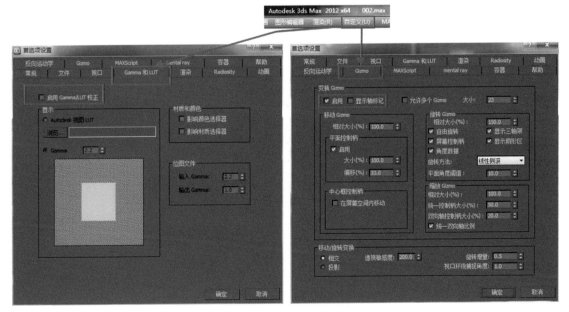

6 导入素材模型：在透视图调出"显示安全框开关"快捷键 Shift+F ，将模型调整至合适的渲染角度。

7 透视图：使用快捷键 Ctrl+C ，建立摄像机视图。

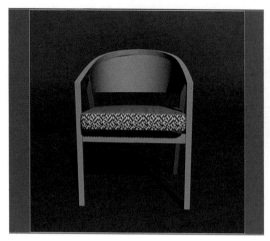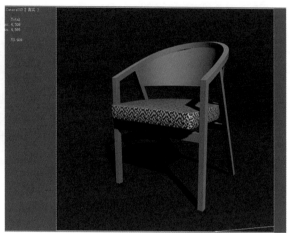

8 左视图：绘制家具渲染背景板，在 中使用"线"绘制一线段，角度90°。

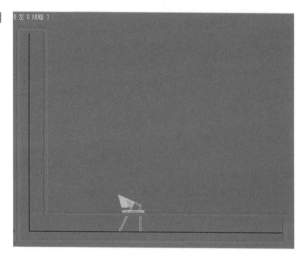

9 调整背景板线条：在修改器列表中，对线的"顶点"进行圆角、"样条线"进行轮廓扩展，为线条添加"挤出"命令，完成背景板效果。

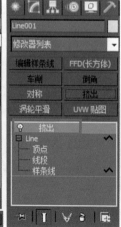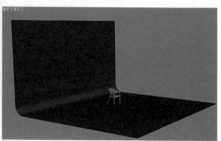

10 透视图：根据模型单体渲染场景的需要，设置几个VRay_平面光源（家具产品空间表现中有讲述单体场景灯光如何设置）。

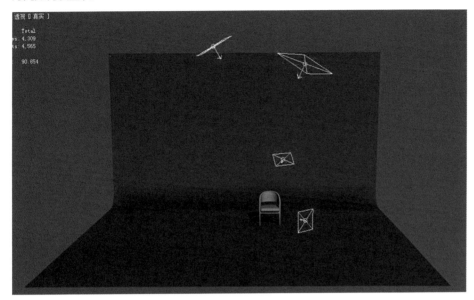

2.1.1.1 背景板材质参数设置

1 材质编辑器：调出材质编辑器快捷键 M，将材质球"Standard"改为"VRayMtl"。

在VRayMtl材质球：将"漫反射""反射"的颜色改为R：52，G：52，B：52。勾选"菲涅耳反射"。

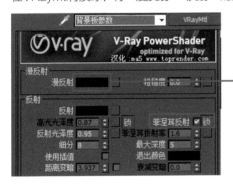 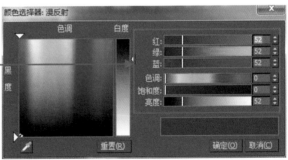

2 进行测试渲染，查看渲染帧背景板的测试效果是否符合要求。

2.1.1.2 家具原木材质参数设置

本案例模拟的家具原木材质，材质的边缘带有烟熏后的做旧处理效果，木纹以贴图上的纹理为主，传统乡村风格、现代实木家具中经常会使用这种类型的材质贴图。

1 材质编辑器：调出材质编辑器快捷键 **M**，将材质球"Standard"改为"VRayMtl"。

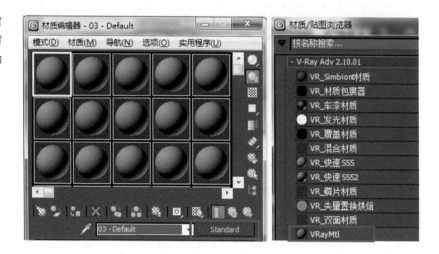

2 VRayMtl材质球 — 漫反射：在漫反射的选项框中添加"材质/贴图浏览器"中的"位图"，添加一张位图，位图素材为：家具原木材质01。

贴图：家具原木材质01

3 进入家具原木材质01的"Bitmap（位图）"参数面板。点击"Bitmap"，添加"材质/贴图浏览器"中的"合成"效果，将旧贴图保存为子贴图。

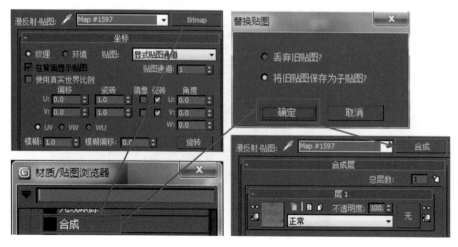

4 进入"合成"参数面板：将总层数添加为2层，并在层2的左侧效果选项框中添加"材质/贴图浏览器"中的"VR_污垢"效果，进入"VR_污垢"的参数面板。

5 进入"VR_污垢"的参数面板，修改其参数，参数如图所示。将层2的"VR_污垢"效果进行拖移复制在"贴图 非阻光 颜色"的选项框中。

6 "VR_污垢"的参数面板：将"阻光颜色"修改为图示颜色参数。点击进入"非阻光颜色"的"非阻光贴图"，将"半径"修改为：0.197。

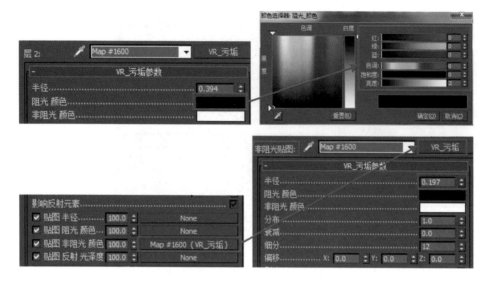

7 点击 转到父对象，回到漫反射的"合成"面板。在合成层中，修改层2的不透明度为60.0，叠加的类型改为：线性Burn。

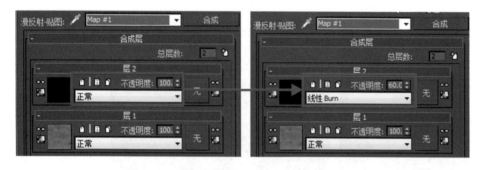

8 将阶段性材质球给予模型，进行测试渲染，得到图示的效果。

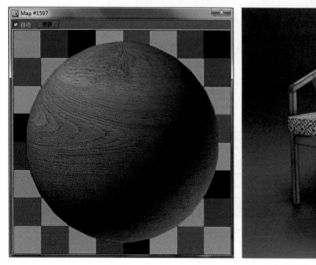

9 点击█转到父对象，回到家具原木材质的参数面板。

家具原木材质01 — VRayMtl材质球 — 反射：在"反射"及"反射光泽度"的选项框中分别添加一张位图，位图素材为：家具原木材质02。细分：12，勾选"菲涅耳反射"。

贴图：家具原木材质02

10 下拉至家具原木材质的贴图参数中，将凹凸百分值修改为10.0，在"凹凸"效果选项框中添加一张位图，位图素材为：家具原木材质03。

贴图：家具原木材质03

11 家具原木材质01 — VRayMtl材质球 — BRDF-双向反射分布功能：在家具原木材质的"BRDF-双向反射分布功能"选项中，将材质的光泽类型从默认的"Blinn"修改为"Ward"。将材质给予模型，进行出图参数渲染（渲染出图参数参见本书的1.5.2 产品级渲染参数）。

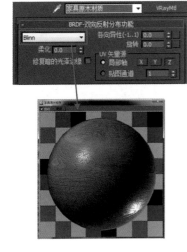

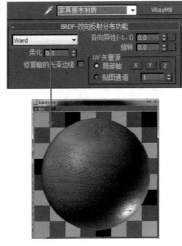

2.1.2 家具擦漆做旧材质

技术要点 混合材质中遮罩贴图的应用。

难度系数 ✓✓✓○○

素材文件

家具擦漆做旧材质效果图

1 调出渲染设置（与本章中单体的VRay测试参数相同）。

2 透视图：绘制家具渲染背景板（同本书单体材质案例），并根据模型单体渲染场景的需要，设置几个VR_平面光源。

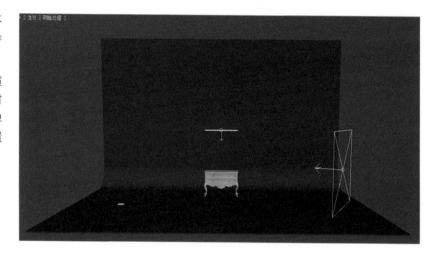

3 导入素材模型：在透视图调出"显示安全框开关"快捷键 Shift+F ，将模型调整至合适的渲染角度。

4 透视图：使用快捷键 Ctrl+C ，建立摄像机视图。

2.1.2.1 背景板材质参数设置

1 材质编辑器：调出材质编辑器快捷键 **M**，将材质球"Standard"改为"VRayMtl"。在VRayMtl材质球：将"漫反射"颜色修改为深灰色，即R：50，G：50，B：50。"反射"颜色修改为浅灰色，即R：104，G：104，B：104。反射光泽度：0.9，细分：25，勾选"菲涅耳反射"。

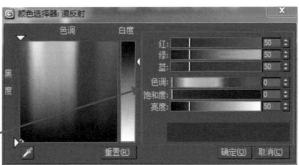

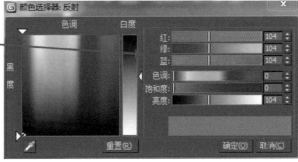

2 调出"环境和效果"快捷键 **8** 选项，将背景颜色调整为黑色。并进行测试渲染，查看渲染帧背景板的测试效果是否符合要求。

2.1.2.2 家具擦漆做旧材质参数设置

本案例模拟的家具擦漆做旧材质，是目前市场成品家具中比较流行的一种复古风格。所谓擦漆做旧，就是将木材新材料做旧，做出脱漆但有一定光泽的家具表面处理效果。而本案例中给大家示范的是家具做旧中相对简单的一种材质做法。

1 材质编辑器：调出材质编辑器快捷键 **M**，将材质球"Standard"改为"VRayMtl"，并命名为：家具擦漆做旧材质。

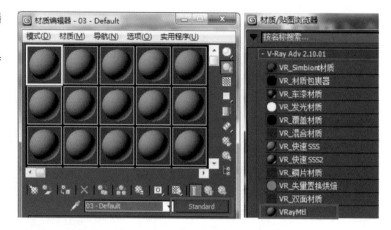

2 VRayMtl材质球 — 漫反射：将漫反射的颜色修改为天蓝色，即R：99，G：199，B：246。

VRayMtl材质球 — 反射：在"反射"的效果选项框中添加"材质/贴图浏览器"中的"衰减"效果。

3 VRayMtl材质球 — 反射：进入"反射"的"Falloff（衰减）"参数面板，将"侧"衰减颜色修改为深灰色，即R：45，G：45，B：45。

高光光泽度：0.8，反射光泽度：0.9，细分：30。勾选"菲涅耳反射"，并点击解锁"菲涅耳折射率"，将折射率修改为：2.5。

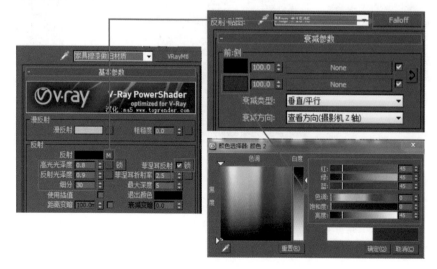

4 点击█转到父对象，回到家具擦漆做旧材质的参数面板。

下拉至"贴图"选项框，进入贴图的参数面板中。将"凹凸"的百分值修改为：10.0，在"凹凸"的效果选项框中添加一张位图，位图素材为：家具擦漆做旧材质02。

5 进入家具擦漆做旧材质02的凹凸-Bitmaps（贴图），将"坐标"中的"模糊值"修改为：0.5。

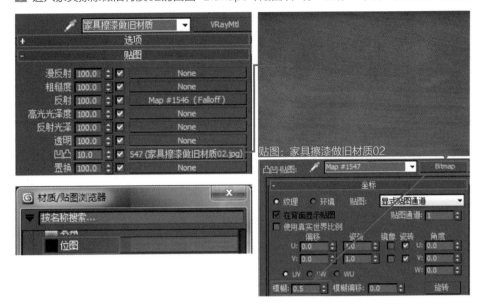

贴图：家具擦漆做旧材质02

6 将调整好的家具擦漆做旧材质给予模型，进行测试渲染，得到测试效果。

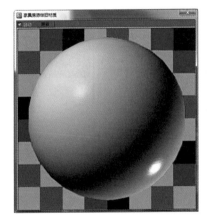 

7 点击█转到父对象，回到家具擦漆做旧材质的参数面板。点击"VRayMtl"，添加"材质/贴图浏览器"中的"混合"效果，将旧贴图保存为子贴图。让家具擦漆做旧材质成为一个混合材质，并进入家具漆金木材质的Blend — 材质2参数面板。

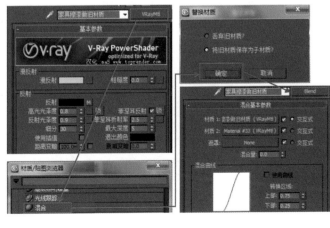

8 家具漆金木材质的 Blend — 材质2:在材质2的效果选项框,添加"材质/贴图浏览器"中的"VRayMtl"效果,并进入家具漆金木材质 — 材质2:VRayMtl的参数面板。

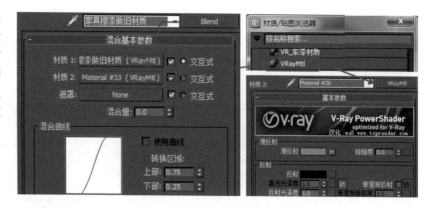

9 家具漆金木材质 — 材质2VRayMtl面板:在漫反射的效果选项框中添加一张位图,位图素材为:家具擦漆做旧材质02。进入家具擦漆做旧材质02 — 漫反射的"Bitmap(位图)"参数面板,将"坐标"中的"模糊值"修改为:0.8。

贴图:家具擦漆做旧材质02

10 点击 🔳 转到父对象,回到家具擦漆做旧材质的"Blend(混合)"参数面板。

在"遮罩"的效果选项框中添加一张位图,位图素材为:家具擦漆做旧材质01。

11 进入遮罩 —"Bitmap(位图)"参数面板,将"坐标"中的"模糊值"修改为:0.5。

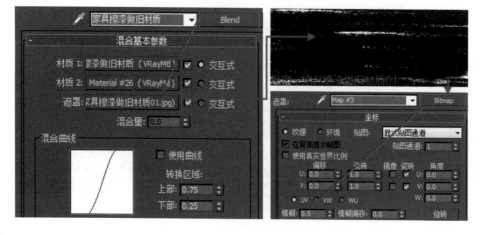

12 将材质发给予模型，并进行局部效果渲染，得到局部家具材质效果和整体材质效果。

2.1.3 家具漆金木材质

技术要点 "材质/贴图浏览器"中混合效果的应用及其参数的设置。

难度系数 ✓✓✓✓

 素材文件

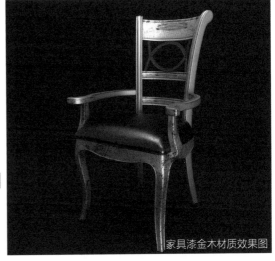

家具漆金木材质效果图

1 调出渲染设置（与本章中单体的VRay测试参数相同）。

2 透视图：绘制家具渲染背景板（同本书单体材质案例），并根据模型单体渲染场景的需要，设置几个VR_平面光源。

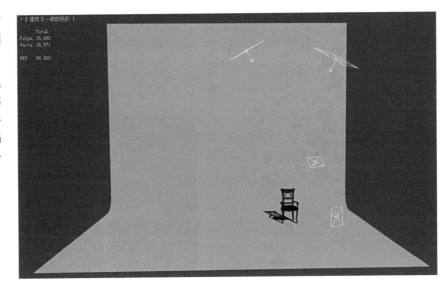

3 导入素材模型：在透视图调出"显示安全框开关"快捷键 Shift+F ，将模型调整至合适的渲染角度。

4 透视图：使用快捷键 Ctrl+C ，建立摄像机视图。

 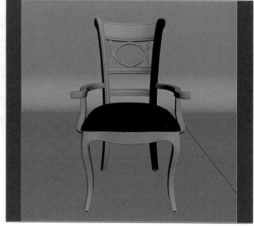

2.1.3.1　背景板材质参数设置

1 材质编辑器：调出材质编辑器快捷键 M ，将材质球"Standard"改为"VRayMtl"。

在VRayMtl材质球：将"漫反射"的颜色改为图示数值。反射光泽度：0.95，勾选"菲涅耳反射"。

 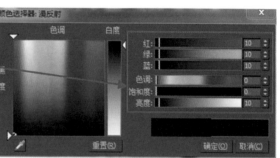

2 调出"环境和效果"快捷键 8 选项，将"背景颜色"调整为白色，并进行测试渲染，查看渲染帧背景板的测试效果是否符合要求。

2.1.3.2 家具漆金木材质参数设置

本案例模拟的家具漆金木材质，漆金、漆银的家具在古典家具中常被应用到，在本案例中模拟的木质材料漆饰中，除了在木质材料的表面漆以黄金的色泽外，还给予漆金家具饰面模拟一些斑驳做旧的痕迹，是目前仿古家具表面的处理效果，使得家具看起来年代久远，有历史人文气息。

1 材质编辑器：调出材质编辑器快捷键 **M**，将材质球"Standard"改为"VRayMtl"，并命名为：家具漆金木材质。

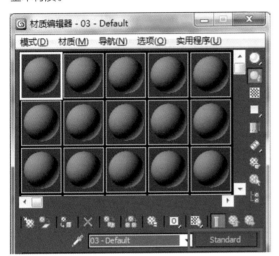
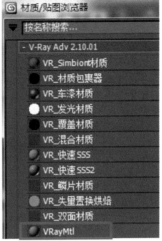

2 VRayMtl材质球 — 漫反射：将漫反射的颜色修改为图示颜色参数，即R：44，G：26，B：19。并在漫反射的选项框中添加"材质/贴图浏览器"中的"衰减"效果。

3 点击进入漫反射 —"Falloff（衰减）"参数面板，修改其颜色参数。

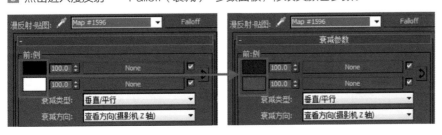

4 漫反射 — Falloff：将衰减面板的"前"衰减颜色修改为深褐色，即R：56，G：31，B：10。

"侧"衰减颜色修改为土红色，即R：95，G：68，B：25，颜色参数如图所示。

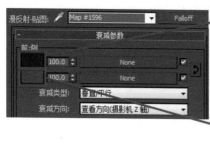

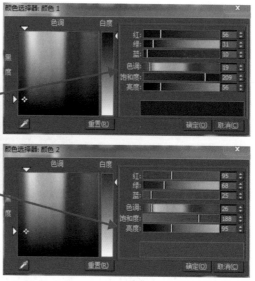

5 点击  转到父对象，回到家具漆金木材质的参数面板。

VRayMtl材质球 — 反射：将反射的颜色修改为图示颜色参数，即R：22，G：14，B：7。并在反射的选项框中添加"材质/贴图浏览器"中的"衰减"效果。

反射光泽度：0.65，细分：20，勾选"菲涅耳反射"，点击解锁"菲涅耳折射率"，并将参数修改为：8.0。

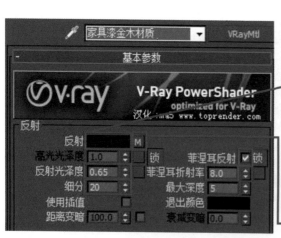

6 进入VRayMtl材质球—反射—"Falloff（衰减）"参数面板。

7 反射 — Falloff：将衰减面板的"前"衰减颜色修改为浅棕色，即R：174，G：159，B：127。

"侧"衰减颜色修改为土黄色，即R：144，G：123，B：79，颜色参数如图所示。

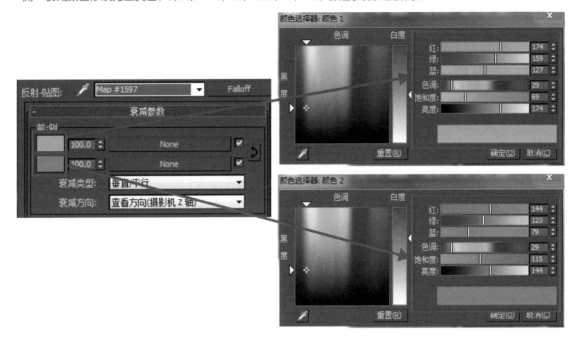

8 点击 🖙 转到父对象，回到家具漆金木材质的参数面板。

下拉至"BRDF-双向反射分布功能"，将其反射类型Blinn修改为：Ward，如图所示。

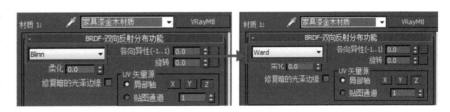

9 下拉至"贴图"选项，将"凹凸"值修改为：5.0，并在"凹凸"的效果选项框中添加一张位图，位图素材为：家具漆金木材质01。

进入家具漆金木材质01的"Bitmap（位图）"参数面板，将模糊值改为：0.1，查看其材质球的效果，如图所示。

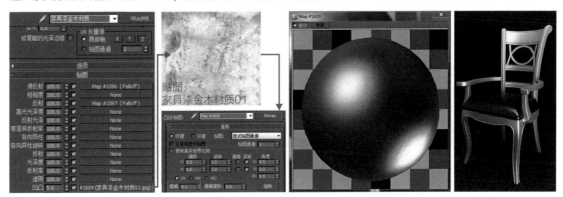

10 点击 "Bitmap" 并添加 "材质/贴图浏览器" 中的 "混合" 效果，将旧贴图保存为子贴图，如图所示。

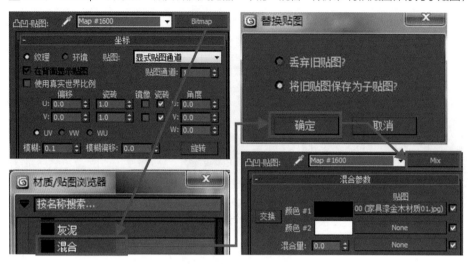

11 进入家具漆金木材质01 — Bitmap — "Mix（混合）" 的参数面板，将 "颜色#1" 的贴图材质拖移复制给 "颜色#2"，并将混合量修改为：90.0。

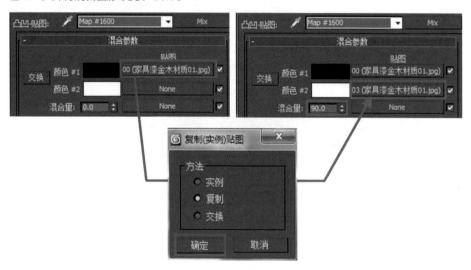

12 进入 "颜色#2" 的 "Bitmap（位图）" 参数面板，将模糊值改为：5.0。

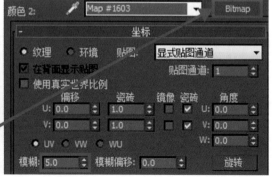

13 点击 🔊 转到父对象，回到家具漆金木材质的VRayMtl参数面板。

点击"VRayMtl"并添加"材质/贴图浏览器"中的"混合"效果，将旧材质保存为子材质。让家具漆金木材质成为一个混合材质，并进入家具漆金木材质的Blend — 材质2参数面板。

14 家具漆金木材质 — Blend — 材质2：进入"材质2"的VRayMtl参数面板，将VRayMtl基本参数中的"漫反射"颜色参数修改为R：22，G：13，B：0。"反射"颜色参数修改为R：20，G：16，B：6。"烟雾颜色"参数修改为R：124，G：153，B：128。反射光泽度：0.9，细分：15，烟雾倍增：0.1。

15 下拉材质2的VRayMtl参数面板至 "BRDF-双向反射分布功能"，将其反射类型 "Blinn" 修改为：Ward。

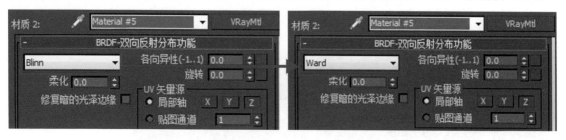

16 点击 转到父对象，回到家具漆金木材质的Blend（混合）参数面板。将混合材质中 "材质1-家具漆金木材质" 的 "贴图" 参数面板中 "凹凸" 的贴图效果进行右键复制。

17 回到家具漆金木材质的Blend（混合）— 材质2的参数面板，下拉材质2的VRayMtl参数面板至 "贴图" 选项，将复制的 "凹凸" 的贴图效果粘贴给材质2的 "凹凸" 效果选项框，"凹凸" 值修改为：100.0。

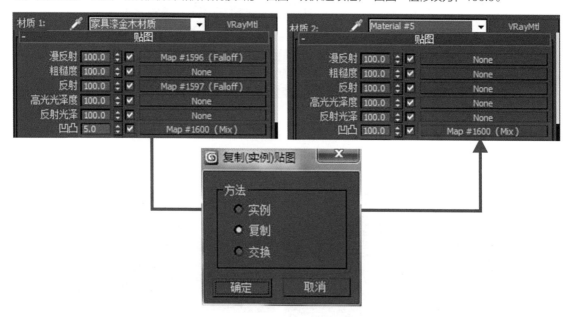

18 点击 转到父对象，回到家具漆金木材质的Blend（混合）参数面板。

在 "遮罩" 中添加一张位图，位图素材为：家具漆金木材质02。

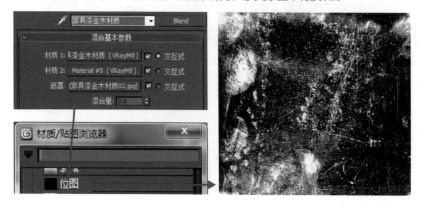

19 点击"遮罩:（家具漆金木材质02.jpg）"，进入"Bitmap（位图）"参数面板，将模糊值修改为：0.01。

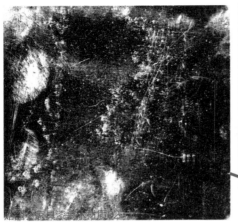

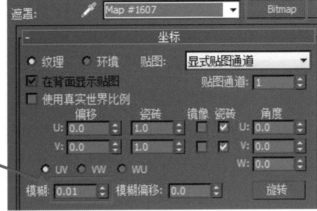

20 将材质给予模型，进行测试渲染，查看材质效果。

2.1.4 家具船木材质

技术要点 "材 质/贴 图 浏 览 器" 中 的 VR_混合材质效果的应用及其参数的设置。

难度系数

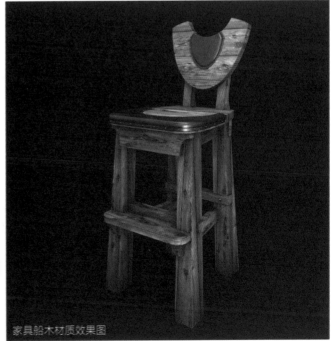

素材文件

家具船木材质效果图

1 调出渲染设置（与本章中单体的VRay测试参数相同）。

2 透视图：绘制家具渲染背景板（同本书单体材质案例），并根据模型单体渲染场景的需要，设置几个VRay_平面光源。

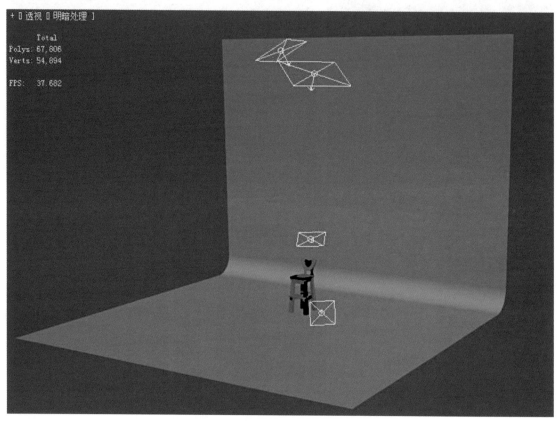

3 导入素材模型：在透视图调出"显示安全框开关"快捷键 **Shift+F**，将模型调整至合适的渲染角度。

4 透视图：使用快捷键 **Ctrl+C**，建立摄像机视图。

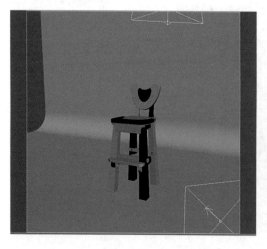

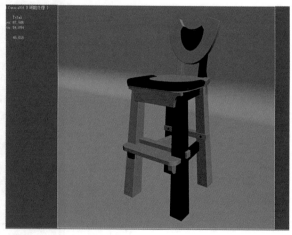

2.1.4.1 背景板材质参数设置

1 材质编辑器：调出材质编辑器快捷键 **M**，将材质球"Standard"改为"VRayMtl"。

在VRayMtl材质球，将"漫反射"的颜色改为深灰色，即R：10，G：10，B：10。反射光泽度：0.95，勾选"菲涅耳反射"。

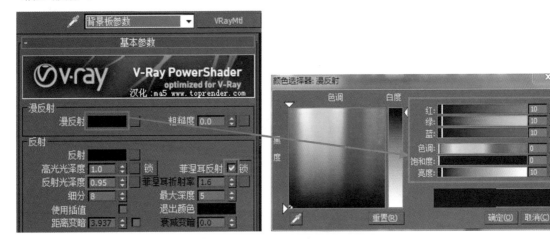

2 调出"环境和效果"快捷键 **8** 选项，将背景颜色调整为白色。并进行测试渲染，查看渲染帧背景板的测试效果是否符合要求。

2.1.4.2 家具船木材质参数设置

本案例模拟的是家具船木材质，船木材质的特点就是木材处理的手法。船木经过海水几十年的浸泡，海浪无数次冲刷，表面的木纹肌理特征明显，像朽木一般。船木拥有特别的纹理与颜色，有着像被火烧过的黑色块及分布不规则的大大小小钻孔，经过海水长期浸泡发生氧化反应后形成的锈斑就会不断渗透到木材中，形成自然而又美丽的黑色纹理。

1 材质编辑器：调出材质编辑器快捷键 **M**，将材质球"Standard"改为"VRayMtl"，并命名为：家具船木材质。

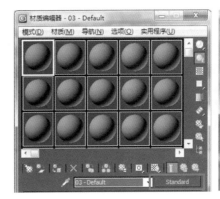

2 家具船木材质 — 漫反射：在漫反射的选项框中添加"材质/贴图浏览器"中的"混合"效果。

3 进入"Mix（混合）"参数面板，进行参数的修改与添加。在"颜色#1"的贴图选项框中添加一张位图，位图素材为：家具船木材质01。将"颜色#2"的颜色修改为黑色。

贴图：家具船木材质01

4 家具船木材质 — 漫反射"Mix（混合）"：在"混合参数"—"混合量"的贴图选项框中添加"材质/贴图浏览器"中的"VR_污垢"效果。

5 "Mix（混合）"— VR_污垢：进入"VR_污垢"的参数面板中，将"VR_污垢参数"的半径修改为：7.874，阻光颜色修改为白色，非阻光颜色修改为黑色，分布修改为：0.01，细分修改为：20。

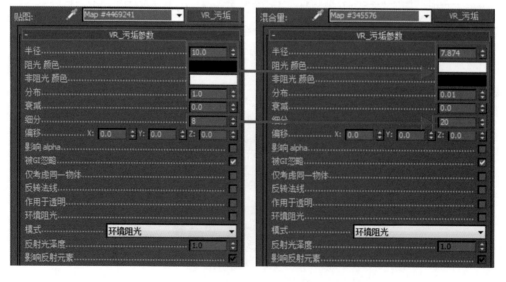

6 点击 ✿ 转到父对象，回到"家具船木材质"的主参数面板。

家具船木材质 — 反射：在"反射"选项中，将反射的颜色修改为深灰色，即R：29，G：29，B：29。将高光光泽度修改为：0.7，反射光泽度修改为：0.9，细分修改为：25。

7 下拉材质球参数面板至"家具船木材质"—"BRDF-双向反射分布功能"选项。将反射类型修改为：Ward。

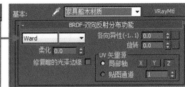

8 下拉材质球参数面板至"家具船木材质"—"贴图"选项，将"凹凸"的百分值修改为：50.0，并在"凹凸"的贴图选项框中添加一张位图，位图素材为：家具船木材质02。

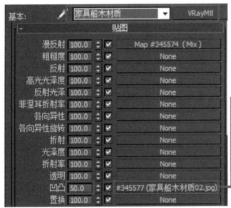

贴图：家具船木材质02

9 将当前材质给予模型，进行阶段性渲染，查看材质效果。

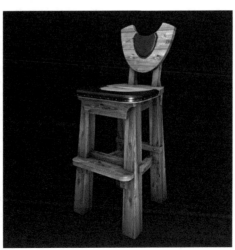

⑩ 点击 🔳 转到父对象，回到"家具船木材质"的主参数面板。点击"VRayMtl"并给"家具船木材质"添加"材质/贴图浏览器"中的"VR_混合材质"效果，将旧材质保存为子材质，并进入家具船木材质 — "VR_混合材质"的参数面板。

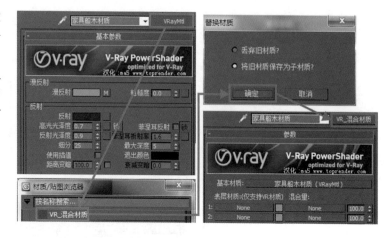

⑪ 进入家具船木材质 —"VR_混合材质"的参数面板。将参数中的"基本材质"拖移复制给"表层材质:（仅支持VR材质）混合量"— 表层1（左）选项框。

⑫ 将当前材质给予模型，进行阶段性渲染，查看材质效果。

13 家具船木材质 —"VR_混合材质"，点击"表层材质：（仅支持VR材质）混合量"— 表层1（右）选项框，添加添加一张位图，位图素材为：家具船木材质01。完成家具船木材质的设置。

贴图：家具船木材质01

14 如果觉得家具船木材质的效果不够浓郁，可以通过修改家具船木材质 —"VR_混合材质"参数中的"基本材质"。点击进入"基本材质"，找到VRayMtl中漫反射的Mix（混合）选项框，进入"Mix"参数面板，找到"输出"选项。

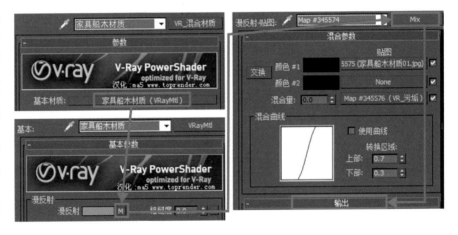

15 家具船木材质 —"VR_混合材质"，一基本材质，进入"输出"参数面板，勾选"启用颜色贴图"。将颜色曲线的右侧顶点右键转换为"Bezier-角点"并进行曲线渐变程度调整，调整为曲线渐变效果。

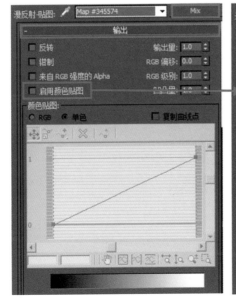

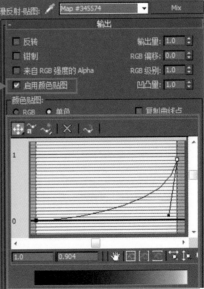

16 将材质给予模型，进行局部渲染，查看材质添加"输出"效果与没添加"输出"效果的对比效果。

附赠：

　　家具清漆木纹材质、美式乡村家具材质、家具红木材质、家具乳胶漆材质的材质源文件，可通过扫描素材二维码进行下载。

2.2　竹藤家具材质表现

2.2.1　天然藤材质

技术要点　VRayMtl —"贴图选项"中不透明度的设置及贴图的使用。

难度系数　◉◉◉◉◉

天然藤材质效果图

1️⃣ 调出渲染设置（与本章中单体的VRay测试参数相同）。

2️⃣ 透视图：绘制家具渲染背景板（同本书单体材质案例），并根据模型单体渲染场景的需要，设置几个VRay_平面光源。

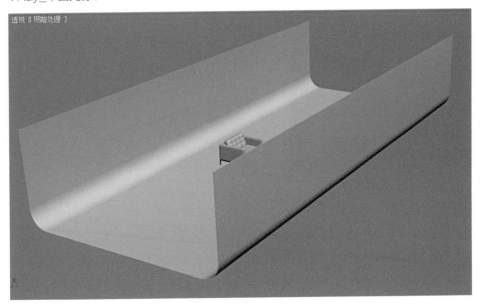

3️⃣ 导入素材模型：在透视图调出"显示安全框开关"快捷键 **Shift+F**，将模型调整至合适的渲染角度。

4️⃣ 透视图：使用快捷键 **Ctrl+C**，建立摄像机视图。

2.2.1.1　背景板材质参数设置

1️⃣ 材质编辑器：调出材质编辑器快捷键 **M**，将材质球"Standard"改为"VRayMtl"。在VRayMtl材质球：将"漫反射"的颜色改为浅灰色，即R：201，G：201，B：201。

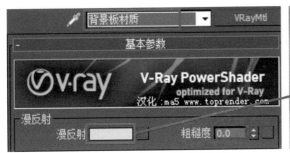 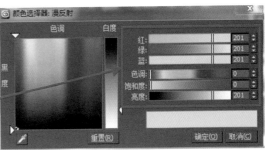

2 调出"环境和效果"快捷键**8**选项，将背景颜色调整为黑色。并进行测试渲染，查看渲染帧背景板的测试效果是否符合要求。

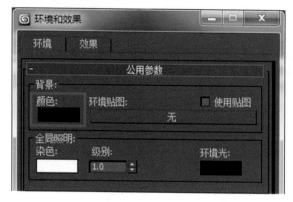

2.2.1.2　天然藤材质参数设置

在大部分3D max模型中，为了追求更真实的藤编效果，都会直接将模型藤编的效果以建模呈现出来，3D模型本身就带有藤编的形状，直接简单地给予材质就能得到好的藤料材质的感觉。而本案例模拟的天然藤材质，是基于模型本身不带有藤编织的形态，需自行在材质上模拟出藤料编织的效果。这种方式可节省建模的时间，呈现出的藤料也大概能够满足效果图的需求，因此，在这章节中给大家示范这类材质的做法。

1 材质编辑器：调出材质编辑器快捷键**M**，将材质球"Standard"改为"VRayMtl"，并命名为：天然藤材质。

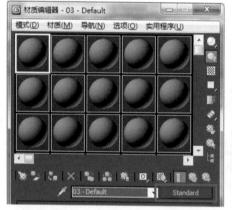

2 VRayMtl材质球 — 漫反射：在漫反射的选项框中添加"材质/贴图浏览器"中的"位图"，添加一张位图，位图素材为：天然藤材质01。

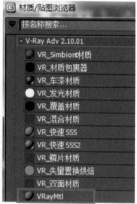

3 进入天然藤材质01的"Bitmap（位图）"参数面板。点击"Bitmap"，修改"坐标"中"瓷砖"的参数，将其调整为U：3.0，V：3.0，角度W：90.0。

4 点击 ✿ 转到父对象，回到天然藤材质的参数面板。

VRayMtl材质球 — 反射：将"反射"的颜色修改为深灰色，即R：47，G：47，B：47。反射光泽度：0.6，细分：32。

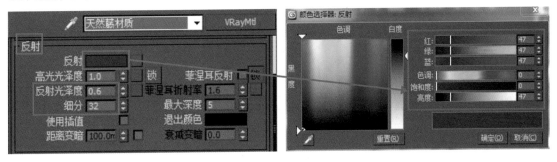

5 将阶段性材质球给予模型，进行测试渲染，得到图示效果。

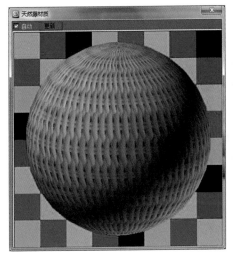

6 材质表面带有些许光泽效果，但无气孔的效果。

7 下拉至"天然藤材质"的"贴图"选项，找到其中的"不透明度"选项，将"不透明度"的百分值改为：100.0。并在右侧的效果选项框中添加"材质/贴图浏览器"中的"位图"效果，位图素材为：天然藤材质02。

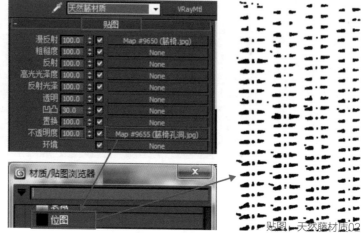

贴图—天然藤材质02

8 观察此时材质球的效果，其藤料的细孔效果显示出来，增加了藤料材质的真实性，并进行局部渲染，查看其材质的效果是否符合要求。将材质给予模型，并进行整体效果渲染。

9 同样的方法使用不同的藤编贴图，可渲染出不同的藤编织材质效果。

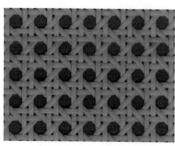

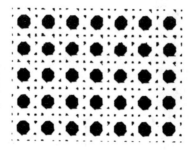

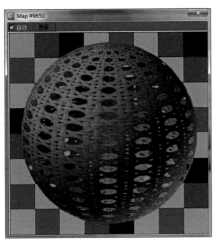

2.2.2 竹板材材质

技术要点 "材质/贴图浏览器"中的 "颜色修正"效果的调整及位图参数 面板中"瓷砖"选项的调整。

难度系数 ⓥⓥⓥⓥⓥⓥ

素材文件

竹板材材质效果图

1 调出渲染设置（与本章中单体的VRay测试参数相同）。

2 绘制家具渲染背景板（同天然藤家具材质的背景板绘制方式，详见2.2.1天然藤材质）。根据模型单体渲染 场景的需要，设置几个VRay光源。

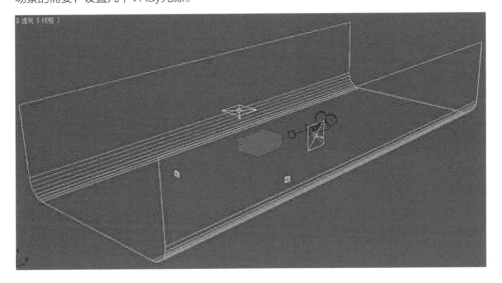

3 在透视图调出"显示安全框开关"快捷键 **Shift+F**，将模型调整至合适的渲染角度。

透视图：使用快捷键 **Ctrl+C**，建立摄像机视图。

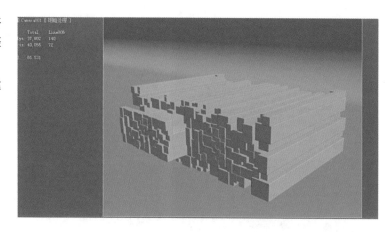

2.2.2.1 背景板材质参数设置

1 材质编辑器：调出材质编辑器快捷键 **M**，将材质球"Standard"改为"VRayMtl"。在VRayMtl材质球：将"漫反射"的颜色改为R：201，G：201，B：201。

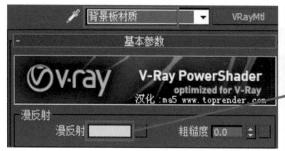
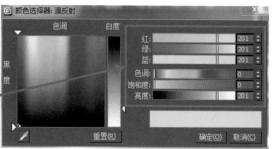

2 环境和效果：调出"环境和效果"快捷键 **F8**，默认背景色为黑色。进行测试渲染，查看渲染帧背景板的测试效果是否符合要求，得到现阶段效果。

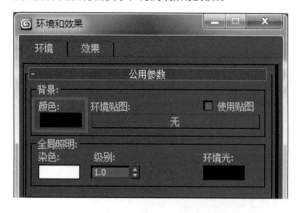
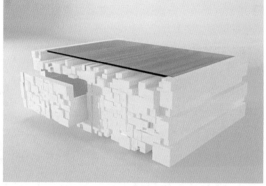

2.2.2.2 竹板材材质参数设置

竹板材，又称为竹板、竹集成材。表面类似于木质板材，一般采用竹条拼接，配合粘胶在高温的情况下复合而成，这种产品具有牢固稳定、不开胶的特点。竹板材的板面美观，竹纹清新，色泽自然，竹香怡人，质感高雅气派，具有高度的割裂性、弹性和韧性。

1 材质编辑器：调出材质编辑器快捷键 M，将材质球"Standard"改为"VRayMtl"，并命名为：竹板材材质。

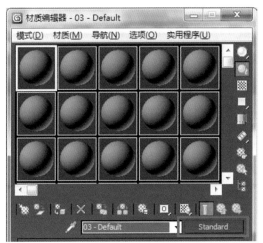 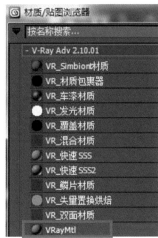

2 竹板材材质 — VRayMtl 材质球 — 漫反射：在"漫反射"右侧效果选项框中添加"材质/贴图浏览器"中的"颜色修正"效果。进入竹板材材质 — 漫反射 —"颜色修正"参数面板。

3 竹板材材质 — 漫反射 —"颜色修正"：进入"颜色修正"的参数面板，在"基本参数"的"贴图"选项中给右侧效果选项框（默认：None）添加一张位图，位图素材为：竹板材材质01。

 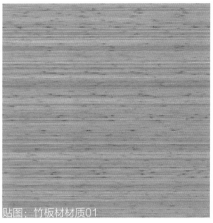

贴图：竹板材材质01

4 "颜色修正"— 位图 Bitmap 竹板材材质01：进入位图竹板材材质01的参数面板，将贴图"坐标"中"瓷砖"参数修改为U: 0.6，V: 0.6。

5 点击 ❂ 转到父对象，回到竹板材材质 — 漫反射 —"颜色修正"参数面板。漫反射 —"颜色修正"：进入"颜色修正"的参数面板，下拉至"颜色"选项中，将"色调切换"的参数值调整为：0.598；"饱和度"的参数值调整为：-9.635。

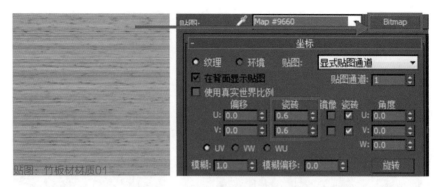

贴图：竹板材材质01

6 将阶段性材质球给予家具模型，进行模型局部的测试渲染。

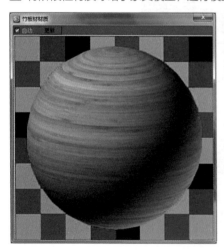

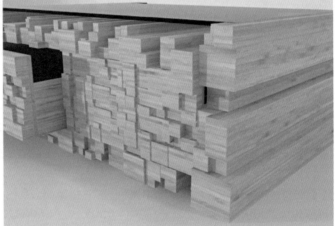

7 点击 ❂ 转到父对象，回到竹板材材质的VRayMtl参数面板。

VRayMtl材质球 — 反射：细分值为32，勾选"菲涅耳反射"。

在"反射"右侧效果选项框中添加"材质/贴图浏览器"中的"位图"，位图素材为：竹板材材质02。

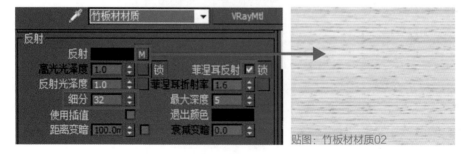

贴图：竹板材材质02

8 位图Bitmap竹板材材质02：进入位图 — 竹板材材质02的参数面板，将贴图"坐标"中"瓷砖"参数修改为U：0.6，V：0.6。

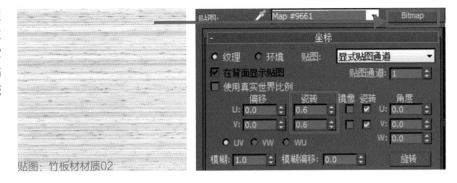

贴图：竹板材材质02

9 点击 转到父对象，回到竹板材材质的VRayMtl参数面板。下拉至"BRDF-双向反射分布功能"选项，并将反射类型从默认的Blinn修改为：Ward。

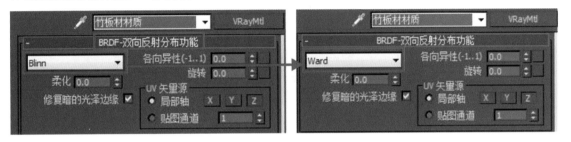

10 下拉至竹板材材质的"贴图"选项，将反射的百分值修改为：50.0，并将右侧的效果选项框中的"位图"效果进行实例复制给"反射光泽"，同时也一并修改百分值为：50.0。

11 下拉至竹板材材质的"贴图"选项，在"凹凸"选项中，将凹凸的百分值修改为：10.0，并在右侧效果选项框中添加位图，位图素材为：竹板材材质03。

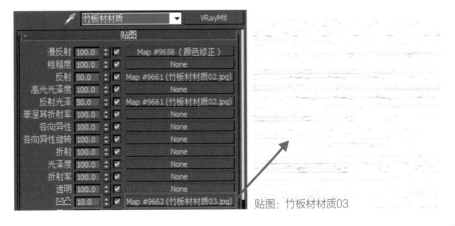

贴图：竹板材材质03

12 进入凹凸 — 位图
Bitmap竹板材材质03参
数面板：将贴图"坐标"
中"瓷砖"参数修改为
U：0.6，V：0.6。

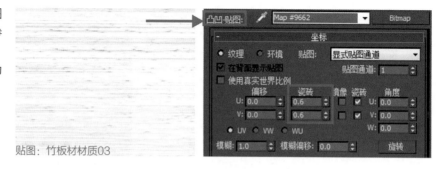

贴图：竹板材材质03

13 观察竹板材材质的
最终材质球效果，表面
带有一些凹凸的肌理质
感，可让竹板材材质的
效果更好地呈现在效果
图中。

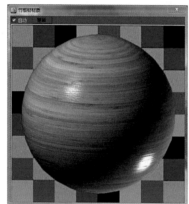

14 竹板材材质的最终
渲染效果。

附赠：

　　榻榻米材质、仿竹材质的材质源文件，可通过扫描素材二维码进行下载。

素材文件

2.3 塑料家具材质表现

2.3.1 亚光玻璃钢塑料材质

技术要点 "材质/贴图浏览器"中的"衰减"参数设置。

难度系数

素材文件

亚光玻璃钢塑料材质效果图

1 调出渲染设置（与本章中单体的VRay测试参数相同）。

2 透视图：绘制家具渲染背景板（同本书单体材质案例），并根据模型单体渲染场景的需要，设置几个VRay_平面光源。

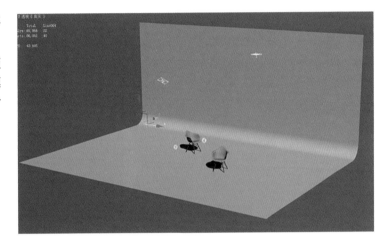

3 导入素材模型：在透视图调出"显示安全框开关"快捷键 **Shift+F**，将模型调整至合适的渲染角度。

4 透视图：使用快捷键 **Ctrl+C**，建立摄像机视图。

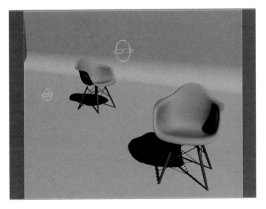

2.3.1.1　背景板材质参数设置

1 材质编辑器：调出材质编辑器快捷键 **M**，将材质球"Standard"改为"VRayMtl"。VRayMtl材质球：将漫反射的颜色修改为浅灰色，即R：190，G：190，B：190，勾选"菲涅耳反射"。完成背景板材质设置，并将材质加载至模型。

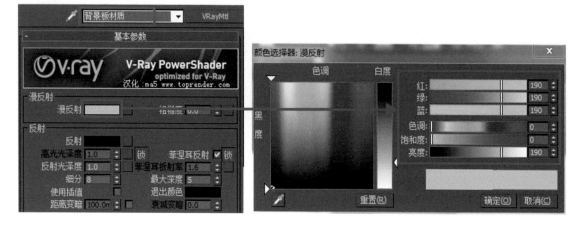

2 环境和效果：调出"环境和效果"快捷键 **F8**，默认背景色为浅灰色，即R：218，G：218，B：218。

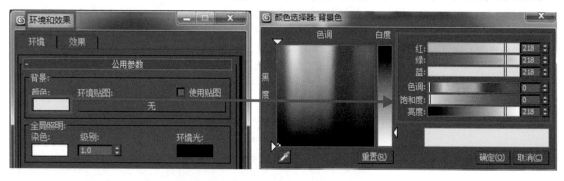

3 进行亚光玻璃钢塑料材质的测试渲染。

2.3.1.2　亚光玻璃钢塑料材质参数设置

本案例模拟的亚光玻璃钢塑料材质，与玻璃钢塑料材质性质相同。但表面的处理效果略微不同，表面平滑，但是低度磨光，能产生漫反射但无光泽，不产生镜面效果，一定程度上保护了人的视觉。

1 材质编辑器：调出材质编辑器快捷键 **M**，将材质球"Standard"改为"VRayMtl"，并命名为：亚光玻璃钢塑料材质。

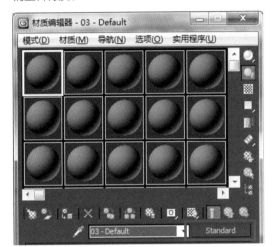
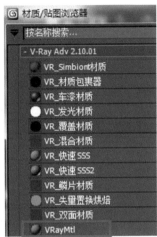

2 VRayMtl材质球 — 漫反射：将"漫反射"颜色修改为柠檬黄色，即R：217，G：190，B：48。

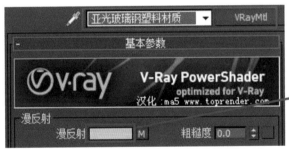
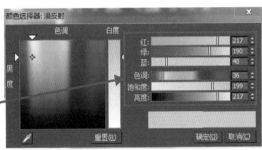

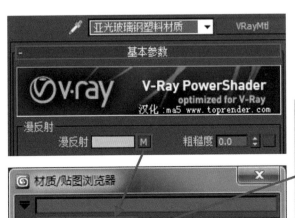

3 VRayMtl材质球 — 漫反射：在"漫反射"右侧效果选项框中添加"材质/贴图浏览器"中的"衰减"效果。

4 VRayMtl — 漫反射的Falloff：将"前""侧"衰减颜色参数进行如下修改：

"前"衰减颜色参数为R：217，G：191，B：50。

"侧"衰减颜色参数为R：204，G：180，B：44。

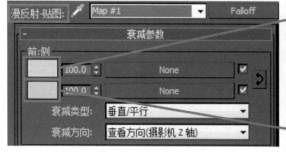
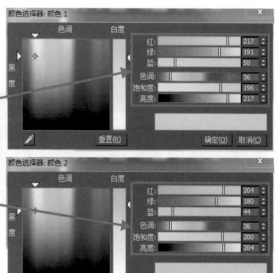

5 点击 ⬆ 转到父对象，回到亚光玻璃钢塑料材质 — VRayMtl参数面板。

VRayMtl材质球 — 反射：将"反射"颜色修改为深灰色，即R：92，G：92，B：92。高光光泽度：0.56，反射光泽度：0.76，细分：20，勾选"菲涅耳反射"，并点击解锁"菲涅耳折射率"，将"菲涅耳折射率"修改为：4.4。

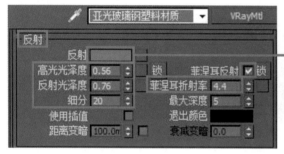
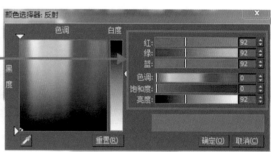

6 将材质球给予模型并进行局部渲染，可观察亚光玻璃钢塑料材质的效果。确认材质没有大的问题后，进行出图参数设置，并进行整体渲染。

亚光玻璃钢塑料材质制作完成后，可通过修改漫反射的颜色，改变材质原本的效果，更好地应用这种材质。

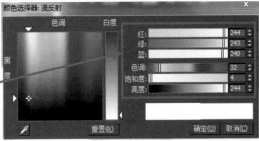

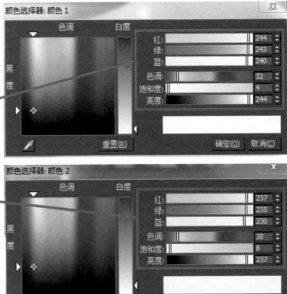

2.3.2 亚克力塑料材质

技术要点 "折射"选项中各参数的设置,其中"烟雾颜色"的修改会较大程度影响亚克力材质的效果。

难度系数 ✓✓✓✓✓

素材文件

亚克力塑料材质效果图

1 调出渲染设置(与本章中单体的VRay测试参数相同)。

2 透视图:绘制家具渲染背景板(同本书单体材质案例),并根据模型单体渲染场景的需要,设置几个VR_平面光源。

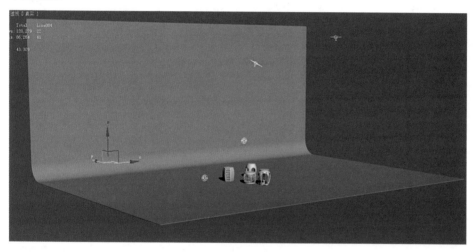

3 导入素材模型:在透视图调出"显示安全框开关"快捷键 Shift+F,将模型调整至合适的渲染角度。

4 透视图:使用快捷键 Ctrl+C,建立摄像机视图。

2.3.2.1 背景板材质参数设置

1 材质编辑器：调出材质编辑器快捷键 **M**，将材质球"Standard"改为"VRayMtl"。

VRayMtl材质球：将漫反射的颜色修改为浅灰色，即R：195，G：195，B：195，勾选"菲涅耳反射"。完成背景板材质设置，并将材质加载至模型。

2 环境和效果：调出"环境和效果"快捷键 **F8**，默认背景色为浅灰色，即R：218，G：218，B：218。

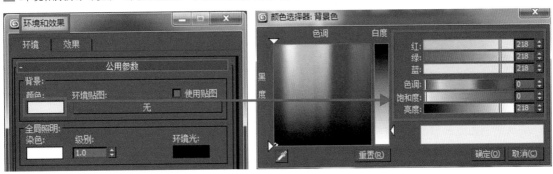

3 进行亚克力塑料材质1的测试渲染。

2.3.2.2 亚克力塑料材质参数设置

（1）亚克力塑料材质1参数设置

本案例模拟了几种常见的亚克力塑料材质的做法，亚克力这类材料又叫有机玻璃（丙烯酸塑料）。是一种开发较早的重要可塑性高分子材料，具有较好的透明性、化学稳定性和耐候性，易染色、易加工，外观优美，在产品设计中应用广泛。一般家具产品都会使用模塑料这种做法，让产品一次成型。

1 材质编辑器：调出材质编辑器 快捷键 **M**，将材质球"Standard"改为"VRayMtl"，并命名为：亚克力塑料材质1。

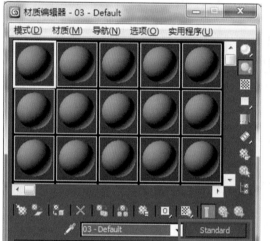
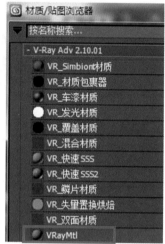

2 VRayMtl材质球 — 漫反射：将"漫反射"颜色修改为青绿色，即R：148，G：234，B：37。

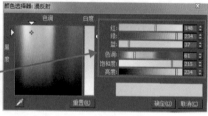

3 VRayMtl材质球 — 反射："反射"颜色修改为深灰色，即R：106，G：106，B：106。反射光泽度：0.73，细分：36。勾选"菲涅耳反射"。

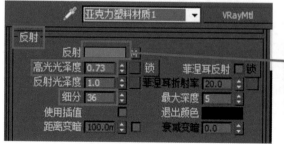
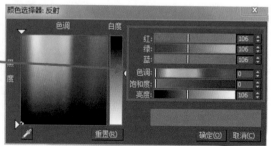

4 VRayMtl材质球 — 反射：在"反射"右侧的效果选项框中添加"材质/贴图浏览器"中的"衰减"效果。

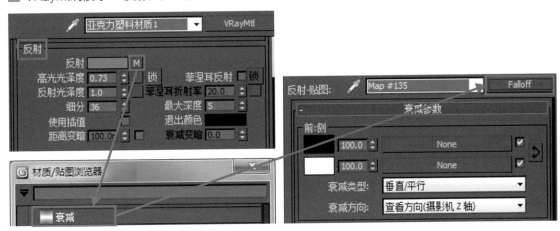

5 将材质球给予模型并进行测试渲染，可观察亚克力塑料材质1的效果。在未设置"折射"选项时，材质球显示的是普通高反光塑料的材质感觉。

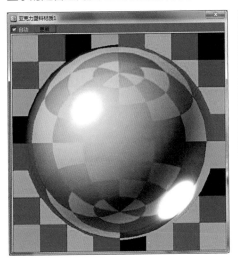

6 VRayMtl材质球 — 折射：将"折射"的颜色修改为浅灰色，即R：195，G：195，B：195。

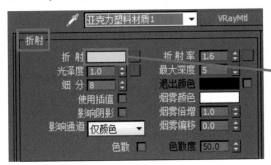

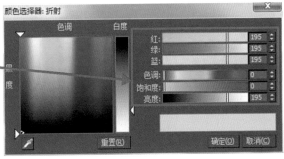

7 可以观察现阶段的材质球已经变得通透，将模型进行测试渲染，查看亚克力塑料材质1现阶段呈现的材质感觉。亚克力板的颜色与"漫反射"设置的颜色进行对比，不是特别鲜艳与明显。

8 VRayMtl材质球—折射：将"烟雾颜色"修改为翠绿色，即R：134，G：238，B：0。烟雾倍增：0.02。勾选"影响阴影"，并将"影响通道"的类型修改为：颜色+alpha。完成所有参数的设置，并将材质更新给模型，进行整体渲染。

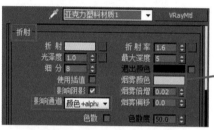

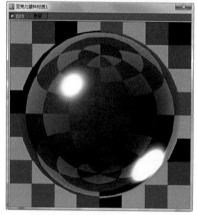

（2）亚克力塑料材质2参数设置

1 材质编辑器：调出材质编辑器快捷键 M，将材质球"Standard"改为"VRayMtl"，并命名为：亚克力塑料材质2。

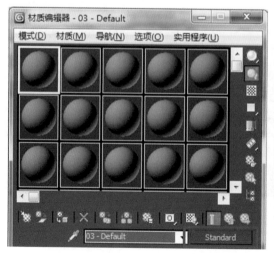

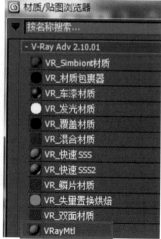

2 VRayMtl材质球 — 漫反射：将"漫反射""反射"的颜色修改为白色，即R：255，G：255，B：255。反射光泽度：0.84，细分：24。勾选"菲涅耳反射"，并点击解锁"菲涅耳折射率"，将"菲涅耳折射率"修改为：2.0。

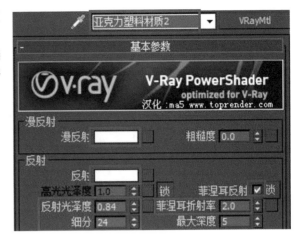

3 VRayMtl材质球 — 折射：将"折射"的颜色修改为浅灰色，即R：248，G：248，B：248。

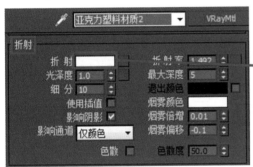 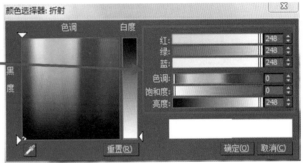

4 VRayMtl材质球-折射：将"烟雾颜色"修改为白色，即R：255，G：255，B：255。折射率：1.492，细分：10，勾选"影响阴影"。烟雾倍增：0.01，烟雾偏移：-0.1。

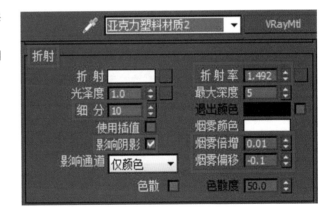

5 回到亚克力塑料材质2 — VRayMtl参数面板，下拉至"BRDF-双向反射分布功能"选项，并将反射的类型从Blinn修改为Phong。

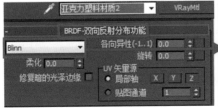 

6 完成所有参数的设置，并将材质赋予模型，进行整体渲染。

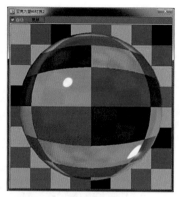 

（3）亚克力塑料材质 3
参数设置

1 材质编辑器：调出材质编辑器快捷键 M，将材质球"Standard"改为"VRayMtl"，并命名为：亚克力塑料材质 3。

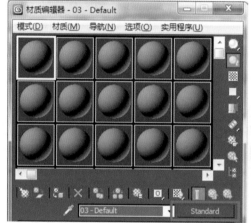 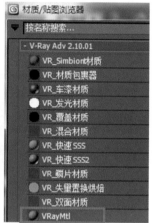

2 VRayMtl材质球 — 漫反射：将"漫反射"的颜色修改为橙红色，即R：255，G：0，B：0。

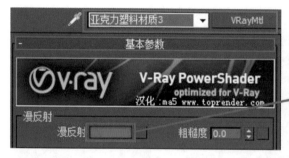

3 VRayMtl材质球 — 折射：将"折射"的颜色修改为橙黄色，颜色参数修改为橘黄色，即R：227，G：160，B：74。

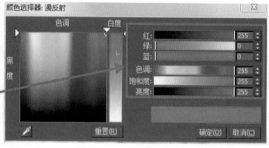

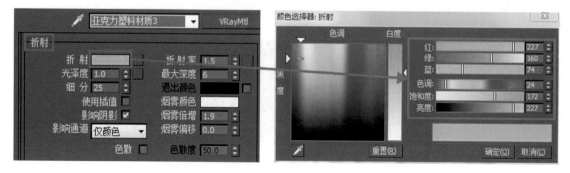

4 VRayMtl材质球 — 折射：将"烟雾倍增"修改为：1.9，勾选"影响阴影"。

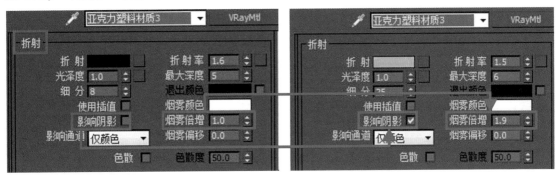

5 完成所有参数的设置，并将材质赋予模型，进行整体渲染。

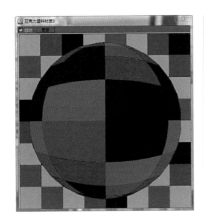

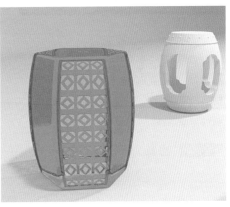

　　亚克力塑料材质3制作完成后，可通过修改"漫反射""反射"的颜色，改变材质原本的颜色，更好地应用这种材质。

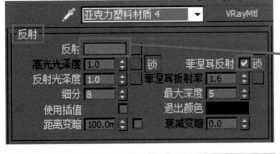

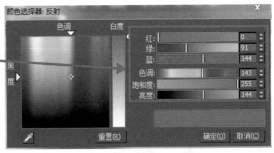

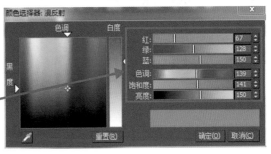

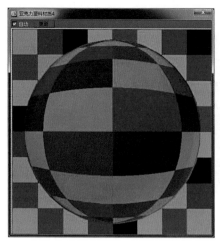

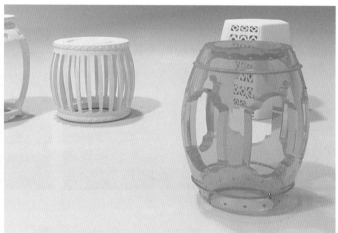

2.3.3　注塑聚丙烯塑料材质

技术要点 "贴图"选项中"材质/贴图浏览器"
的"细胞"效果设置。

难度系数 ⊘⊘⊘⊘⊘

素材文件

注塑聚丙烯塑料材质效果图

1 调出渲染设置（与本章中单体的VRay测试参数相同）。

2 透视图：绘制家具渲染背景板（同本书单体材质案例），并根据模型单体渲染场景的需要，设置几个VR_
平面光源。

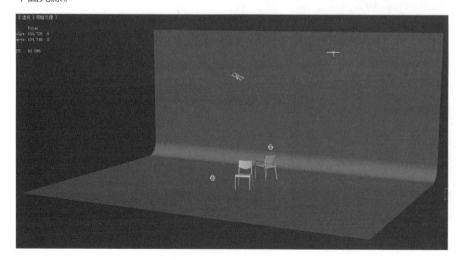

3 导入素材模型：在透视图调出"显示安全框开关"快捷键 **Shift+F**，将模型调整至合适的渲染角度。

4 透视图：使用快捷键 **Ctrl+C**，建立摄像机视图。

2.3.3.1 背景板材质参数设置

1 材质编辑器：调出材质编辑器快捷键 **M**，将材质球"Standard"改为"VRayMtl"。

VRayMtl材质球：将漫反射的颜色修改为浅灰色，即R：39，G：39，B：39，勾选"菲涅耳反射"。

材质球：完成背景板材质设置，并将材质加载至模型。

2 环境和效果：调出"环境和效果"快捷键 **F8**，默认背景色为浅灰色，即R：218，G：218，B：218。

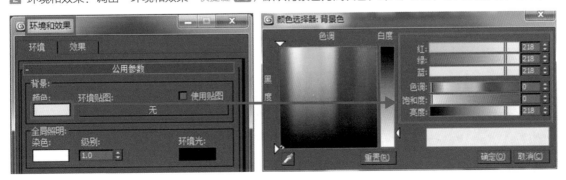

3 进行注塑聚丙烯塑料材质的测试渲染。

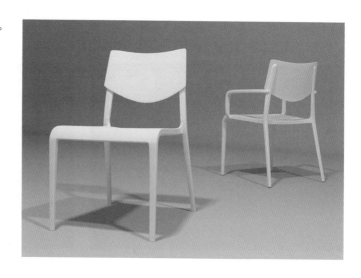

2.3.3.2 注塑聚丙烯塑料材质参数设置

本案例模拟的注塑聚丙烯塑料材质，表面不易留下手指痕迹，有多种颜色及不同的透光率，厚度公差小，极好的表面质量，不易碎裂，易于加工，耐腐蚀，长时间使用不褪色，不发黄，不变脆。广泛应用于家具及家居用品的设计与制作。

1 材质编辑器：调出材质编辑器快捷键 **M**，将材质球"Standard"改为"VRayMtl"，并命名为：注塑聚丙烯塑料材质。

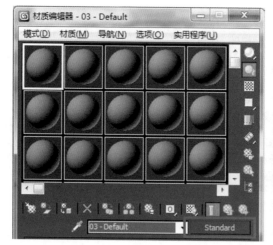

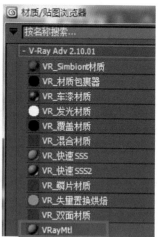

2 VRayMtl材质球 — 漫反射：将"漫反射"颜色修改为橙黄色，颜色参数修改为图示，即R：231，G：93，B：25。

3 VRayMtl材质球 — 反射:"反射"颜色修改为深灰色,即R:43,G:43,B:43。反射光泽度:0.74,勾选"菲涅耳反射"。

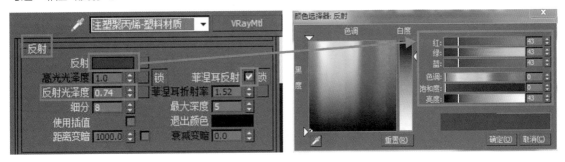

4 VRayMtl材质球 — 折射:"折射率"修改为:1.52。"烟雾颜色"修改为浅灰色,即R:128,G:128,B:128。

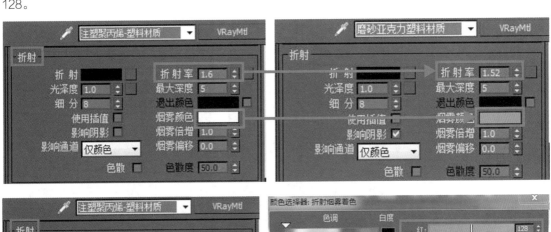

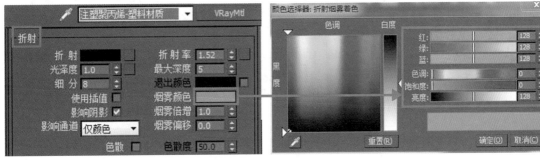

5 将材质球给予模型并进行测试渲染,可观察注塑聚丙烯塑料材质的效果。

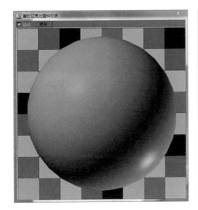

6 点击 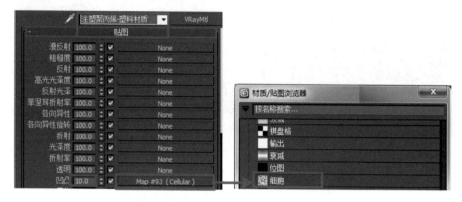 转到父对象，回到注塑聚丙烯塑料材质 — VRayMtl参数面板。下拉至注塑聚丙烯塑料材质的"贴图"选项，并将"凹凸"的百分值修改为：10.0，在"凹凸"右侧效果选项框中添加"材质/贴图浏览器"中的"细胞"效果。

7 凹凸 — Celluar（细胞）参数面板：在"凹凸-贴图"的参数面板中，将"坐标"中"瓷砖 X: 0 Y: 0 Z: 0"的参数值修改为："X: 50 Y: 50 Z: 50"。并在"细胞参数"面板中，修改"细胞颜色""分界颜色"。

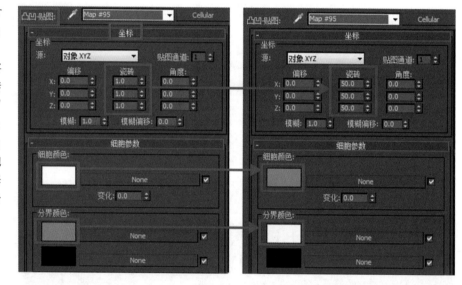

8 凹凸 — Celluar（细胞）参数面板："细胞颜色"修改为浅灰色，即R: 74，G: 74，B: 74。"分界颜色"修改为淡白色，即R: 233，G: 233，B: 233。

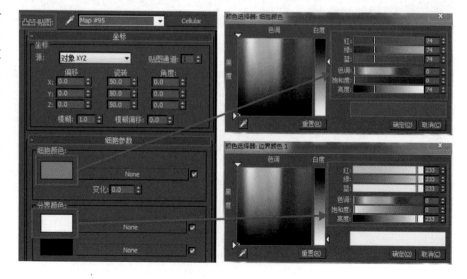

9 将材质更新至模型，可看到"凹凸"选项经过贴图选项框的添加修改后，进行局部放大渲染，模型材质表面呈现出一种凹凸的颗粒效果，是模拟了塑料材料中常见的表面肌理处理效果。确定材质没有问题后，进行出图参数设置，并进行整体渲染。

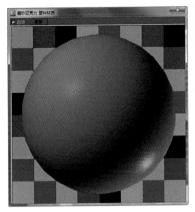

附赠：

　　玻璃钢塑料材质、车漆镀膜塑料材质、磨砂亚克力塑料材质的材质源文件，可通过扫描素材二维码进行下载。

素材文件

2.4　金属家具材质表现

2.4.1　镀铬 — 玫瑰金家具材质

技术要点 "材质/贴图浏览器"中的"VR-颜色"效果，其VR颜色参数的修改与应用、菲涅耳折射率的调整。

难度系数 ⓥ ⓥ ⓥ ⓥ ⓥ

素材文件

镀铬 — 玫瑰金家具材质效果图

1 调出渲染设置（与本章中单体的VRay测试参数相同）。

2 透视图：绘制家具渲染背景板（同本书单体材质案例），并根据模型单体渲染场景的需要，设置几个VR_平面光源。

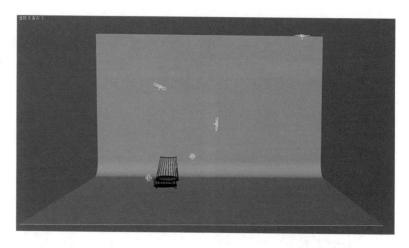

3 导入素材模型：在透视图调出"显示安全框开关"快捷键 Shift+F，将模型调整至合适的渲染角度。

4 透视图：使用快捷键 Ctrl+C，建立摄像机视图。

2.4.1.1 背景板材质参数设置

1 材质编辑器：调出材质编辑器快捷键 M，将材质球"Standard"改为"VRayMtl"。

VRayMtl材质球：将漫反射的颜色修改为浅灰色，即R：129，G：129，B：129，勾选"菲涅耳反射"。

材质球：完成背景板材质设置，并将材质加载至模型。

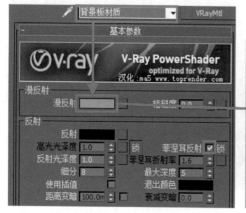
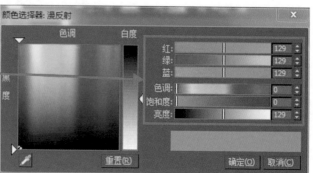

2 环境和效果：调出"环境和效果"快捷键 **F8**，默认背景色为浅灰色，即R：141，G：141，B：141。

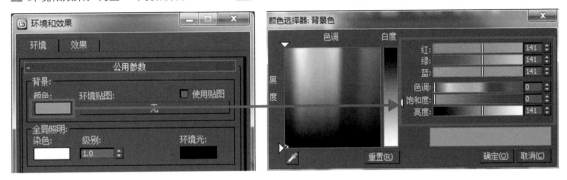

3 进行镀铬 — 玫瑰金家具材质的测试渲染。

2.4.1.2　镀铬 — 玫瑰金家具材质参数设置

　　玫瑰金是一种金色偏粉的颜色，所以又称粉色金，由于其具有非常时尚、靓丽的粉红玫瑰色彩，近年来在金属漆饰上比较常用。

1 材质编辑器：调出材质编辑器快捷键 **M**，将材质球"Standard"改为"VRayMtl"，并命名为：镀铬 — 玫瑰金家具材质。

VRayMtl材质球 — 漫反射：将"漫反射"颜色修改为深褐色，即R：30，G：23，B：13。

2 VRayMtl材质球 — 漫反射：在"漫反射"右侧的效果选项框中添加"材质/贴图浏览器"中的"VR-颜色"效果，并进入"VR-颜色"的参数面板。

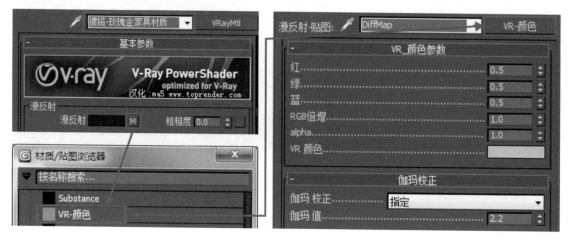

3 "VR-颜色"的参数面板：将"VR — 颜色参数"中的"VR颜色"进行修改，将浅灰色修改为R：170，G：129，B：109。

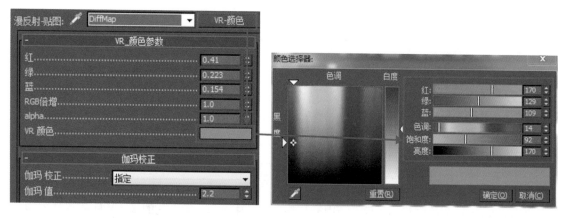

4 点击 ■ 转到父对象，回到镀铬 — 玫瑰金家具材质的参数面板。进入VRayMtl材质球 — 反射，将"反射"颜色修改为土黄色，即R：150，G：127，B：86。

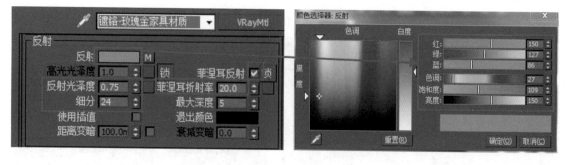

5 VRayMtl材质球 — 反射：在"反射"右侧的效果选项框中添加"材质/贴图浏览器"中的"VR-颜色"效果，并进入反射 — "VR-颜色"的参数面板。

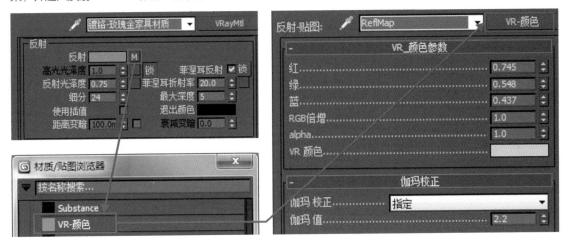

6 镀铬 —— 玫瑰金家具材质-反射-"VR-颜色"的参数面板：将"VR_颜色参数"中的"VR颜色"进行修改，将浅灰色修改为R：150，G：127，B：86。

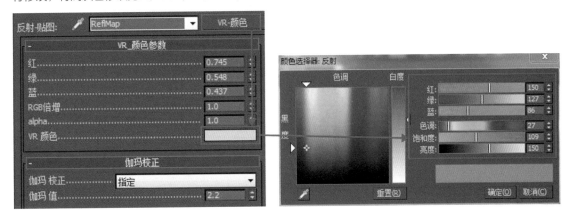

7 点击 等 转到父对象，回到镀铬 — 玫瑰金家具材质的参数面板。

下拉至镀铬 — 玫瑰金家具材质的"BRDF-双向反射分布功能"选项，并将反射类型从Blinn修改为：Ward。

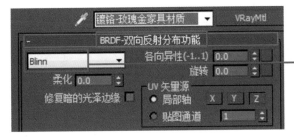
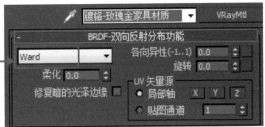

8 将材质球给予模型并进行局部渲染，可观察最终的玫瑰金家具材质的效果。确认材质没有问题后，进行出图参数设置，并进行整体渲染。

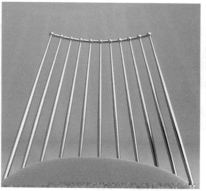

2.4.2 loft 铁艺家具材质

技术要点 VR_混合材质中，表层1和混合1材质的合理应用与参数设置。

难度系数 ✓✓✓✓✓

素材文件

loft 铁艺家具材质效果图

1 调出渲染设置（与本章中单体的VRay测试参数相同）。

2 透视图：绘制家具渲染背景板（同本书单体材质案例），并根据模型单体渲染场景的需要，设置几个VR_平面光源。

3 导入素材模型：在透视图调出"显示安全框 开关"快捷键 **Shift+F**，将模型调整至合适的渲染 角度。

4 透视图：使用快捷键 **Ctrl+C**，建立摄像机视图。

2.4.2.1 背景板材质参数设置

1 材质编辑器：调出材质编辑器快捷键 **M**，将材质球"Standard"改为"VRayMtl"。

VRayMtl材质球：将漫反射的颜色修改为浅灰色，即R：129，G：129，B：129，勾选"菲涅耳反射"。完 成背景板材质设置，并将材质加载至模型。

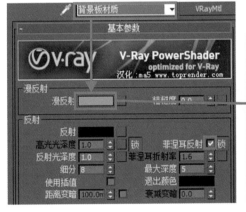

2 环境和效果：调出"环境和效果"快捷键 **F8**， 默认背景色为黑色。

3 进行模型现阶段所有参数的测试渲染。

2.4.2.2 loft 铁艺家具材质参数设置

loft是一种比较新型的老而不衰、旧物的工业风时尚风格，这个单词诞生于纽约SOHO区。风格比较典型的元素特点，如：用砖墙取代单调的粉刷墙面、原始的水泥墙面、裸露的管线、金属制家具、水管风格再制家具。而本次案例示范的金属材质为loft家具中常用的一种金属表面的处理手法，有铁锈做旧的痕迹，看上去有些败旧、邋遢的工厂锈化材料。

1 材质编辑器：调出材质编辑器快捷键 M，将材质球"Standard"改为"VRayMtl"。

将材质球命名为：Loft家具金属材质。

Loft家具金属材质 — VRayMtl材质球 — 漫反射：将"漫反射"颜色修改为浅灰色，即R：128，G：128，B：128。在"漫反射"右侧效果选项框中添加"材质/贴图浏览器"中的"位图"，位图素材为：Loft家具金属材质04。

2 Loft家具金属材质 — VRayMtl材质球 — 反射：将"反射"的颜色修改为R：7，G：7，B：7。反射光泽度：0.5，细分：32。

3 下拉至Loft家具金属材质的"贴图"选项，在"贴图"中，将凹凸的百分值修改为：8.0，并添加 一 张位图，位图素材为：Loft家具金属材质05。

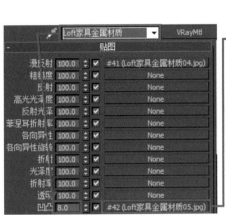
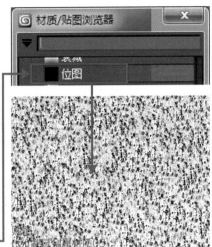

4 将材质球给予模型并进行测试渲染，可观察现阶段Loft家具金属材质的效果。

5 点击 🔘 转到父对象，Loft家具金属材质VRayMtl的基本参数设置完成。

点击VRayMtl，在这个Loft家具金属材质的基础上，添加"材质/贴图浏览器"中的"VR_混合材质"效果，将旧材质保存为子材质，进入以Loft家具金属材质为基本材质的"VR_混合材质"面板。

6 Loft家具金属材质 —"VR_混合材质":在"表层材质:(仅支持VR材质)混合量"的"表层1"中,添加"材质/贴图浏览器"中的"VRayMtl"效果。

表层1—"VRayMtl":将基本参数中"漫反射"的颜色修改为深灰色,即R:8,G:8,B:8。

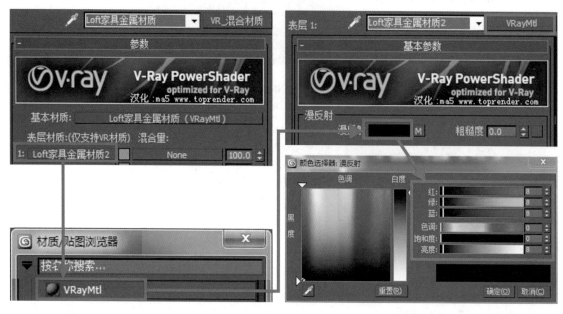

7 表层1—"VRayMtl":在"漫反射"右侧效果选项框中添加"材质/贴图浏览器"中的"VR_污垢"效果。

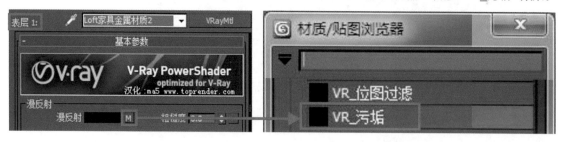

8 表层1 —"VRayMtl" —漫反射—"VR_污垢":修改污垢的参数,"VR_污垢参数"的半径:2.0mm,"阻光颜色"为深灰色,即R:75,G:75,B:75,"非阻光颜色"为黑色,细分:16。

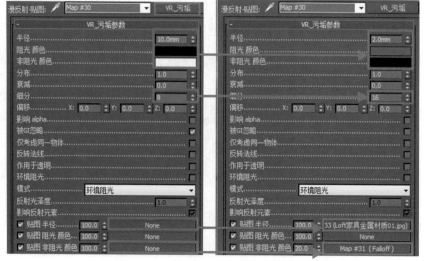

9 表层1—"VRayMtl"—漫反射—"VR_污垢"：在"贴图半径"中添加一张位图，位图素材为：Loft家具金属材质01。

在"贴图非阻光颜色"中添加"材质/贴图浏览器"中的"衰减"效果。

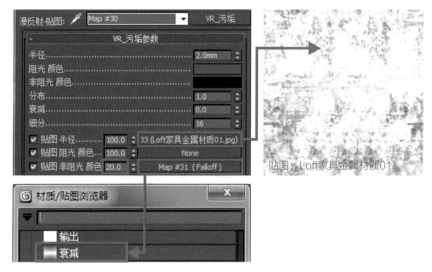

贴图：Loft家具金属材质01

10 VR_污垢 — 非阻光贴图—"衰减"：在"前"衰减的右侧选项框中，添加一张位图，位图素材为：Loft家具金属材质06。

将"侧"衰减的颜色修改为R：45，G：18，B：0。

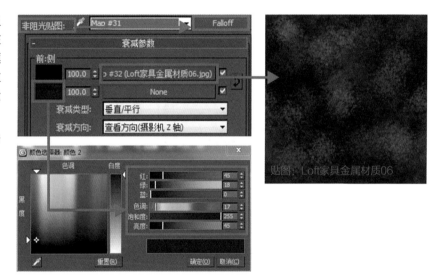

贴图：Loft家具金属材质06

11 下拉"非阻光贴图"的"衰减"参数面板，找到"混合曲线"选项。点击 "添加点"，在曲线中心添加一个点，并右键将点的性质修改为"Bezier-平滑"。

将"混合曲线"调整为图示曲线弧度效果，得到金属材质 — 非阻光颜色的光泽渐变效果。完成表层1 — VRayMtl漫反射的设置。

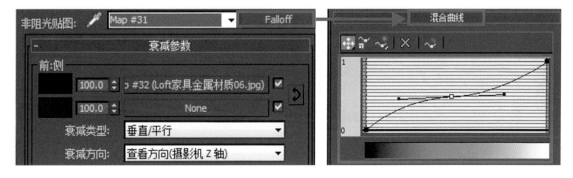

12 点击 🔘 转到父对象，进入表层1 — VRayMtl — 反射的参数面板。

表层1 — VRayMtl — 反射：将"反射"的颜色参数修改为R: 8, G: 8, B: 8。在"反射"右侧效果选项框中添加一张位图，位图素材为: Loft家具金属材质08。反射光泽度: 0.75，细分: 32。完成表层1 — VRayMtl反射的设置。

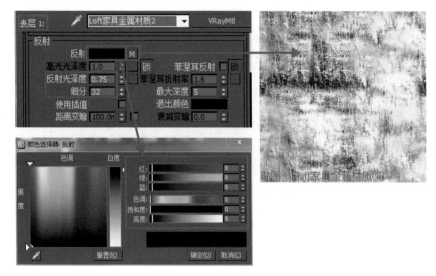

贴图：Loft家具金属材质08

13 下拉表层1 —"VRayMtl"的"BRDF-双向反射分布功能"选项，将反射类型从Blinn修改为: Ward。

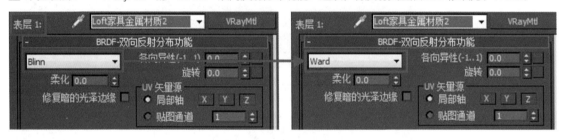

14 下拉表层1 —"VRayMtl"的"贴图"选项，将"反射"的百分值修改为: 5.0。将"凹凸"的百分值修改为: 5.0，并在"凹凸"右侧效果选项框中添加一张位图，位图素材为: Loft家具金属材质07。

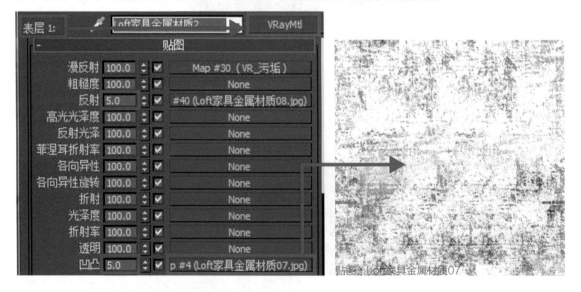

贴图：Loft家具金属材质07

15 将材质球给予模
型并进行测试渲染，
可观察现阶段Loft家
具金属材质的效果。

16 点击 🔄 转到父对象，回到Loft家具金属材质 —"VR_混合材质"参数面板。

在"表层材质：（仅支持VR材质）混合量："的"混合1："中，添加"材质/贴图浏览器"中的"VR_污垢"

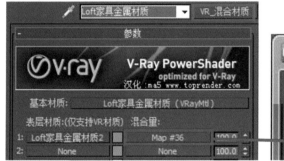

效果。

17 "混合1" —"VR_
污垢"参数面板：将
污垢的参数修改为
图示参数效果。即
"VR_污垢参数"的
半径：2.5mm，细
分：16。

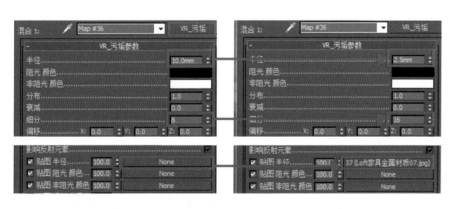

18 "混合1" —"VR_
污垢"参数面板：在
"贴图半径"中添加
一张位图，位图素材
为：Loft家具金属材
质07。

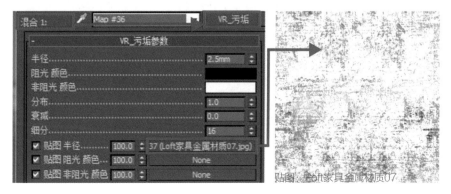

贴图：Loft家具金属材质07

⑲ 将材质球给予模型并进行局部渲染，可观察最终Loft家具金属材质的局部效果。确认材质没有问题后，进行出图参数设置，并进行整体渲染。

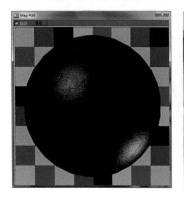

2.4.3 铝合金家具材质

技术要点 "BRDF-双向反射分布功能"选项中反射类型的修改。

难度系数 ✓✓✓✓✓

素材文件

铝合金家具材质效果图

① 调出渲染设置（与本章中单体的VRay测试参数相同）。

② 透视图：绘制家具渲染背景板（同本书单体材质案例），并根据模型单体渲染场景的需要，设置几个VR_平面光源。

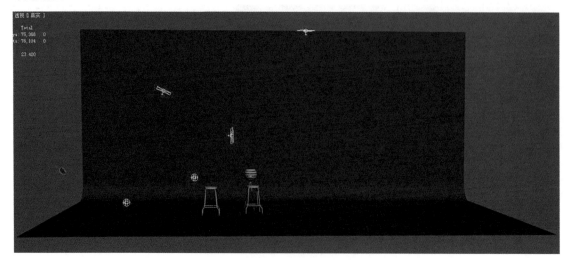

3 导入素材模型：在透视图调出"显示安全框开关"快捷键 **Shift+F**，将模型调整至合适的渲染角度。

4 透视图：使用快捷键 **Ctrl+C**，建立摄像机视图。

2.4.3.1　背景板材质参数设置

1 材质编辑器：调出材质编辑器快捷键 **M**，将材质球"Standard"改为"VRayMtl"。

VRayMtl材质球：将漫反射的颜色修改为浅灰色，即R：39，G：39，B：39，勾选"菲涅耳反射"。完成背景板材质设置，并将材质加载至模型。

2 环境和效果：调出"环境和效果"快捷键 **F8**，默认背景色为浅灰色，即R：218，G：218，B：218。

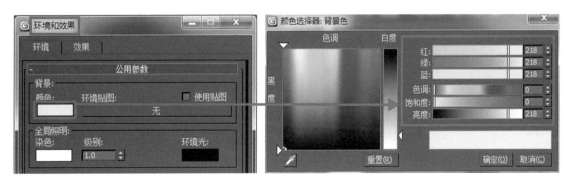

3 进行铝合金家具材质的测试渲染。

2.4.3.2 铝合金家具材质参数设置

铝合金是低端的金属家具常用材料，表面看起来有些亚光光泽，视觉效果较其他金属材质要差一些。但这种材料环保且可回收重新利用，不会对环境造成污染或破坏。

1 材质编辑器：调出材质编辑器快捷键 **M**，将材质球"Standard"改为"VRayMtl"，并命名为：铝合金家具材质。

VRayMtl材质球 — 漫反射：将"漫反射"颜色修改为黑色，并在"漫反射"右侧效果选项框中添加"材质/贴图浏览器"中的"位图"，位图素材为：铝合金家具材质01。

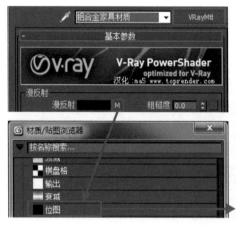

2 VRayMtl材质球 — 反射：将"反射"的颜色修改为图示颜色参数，即R：197，G：169，B：109。高光光泽度：0.6，反射光泽度：0.85，细分：25，勾选"菲涅耳反射"，点击解锁"菲涅耳折射率"，并将"菲涅耳折射率"修改为：20.0。

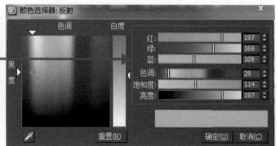

③ VRayMtl材质球 — 反射：在"反射光泽度"右侧效果选项框中添加"材质/贴图浏览器"中的"位图"，位图素材为：铝合金家具材质01。

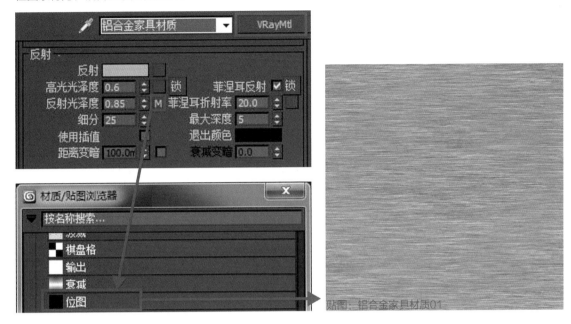

贴图：铝合金家具材质01

④ 铝合金家具材质 — VRayMtl参数面板：点击⚪转到父对象，回到铝合金家具材质 — VRayMtl参数面板。下拉至铝合金家具材质的"BRDF-双向反射分布功能"选项，将反射类型从Blinn修改为：Phong。

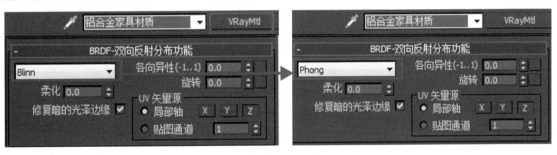

⑤ 铝合金家具材质—VRayMtl参数面板：下拉至"贴图"选项，将"反射光泽"的百分值降低为：15.0。

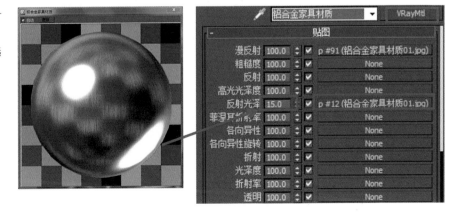

6 铝合金家具材质 — VRay Mtl的基本参数设置完成。将材质球给予模型并进行测试渲染，可观察现阶段铝合金家具材质的效果。

7 铝合金家具材质 — VRayMtl参数面板：将"反射光泽"的效果选项框拖移复制给"凹凸"右侧的效果选项框，并将"凹凸"的百分值修改为：8.0。

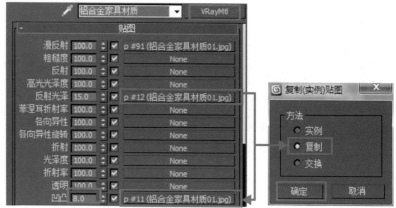

8 进入"凹凸 — 贴图"参数面板：将铝合金家具材质 — 凹凸贴图中"坐标"的模糊值修改为：0.8。

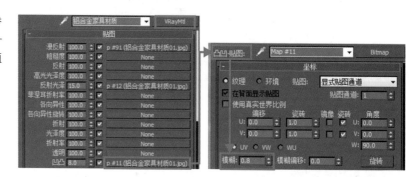

9 通过对"贴图"选项中"凹凸"参数的修改，得到图示材质效果。将材质球更新给模型，并进行局部测试渲染，可观察最终的铝合金家具材质的效果。确认材质没有问题后，进行出图参数设置，并进行整体渲染。

附赠：

　　高亮光金属家具材质、铁锈家具材质、黄铜家具材质的材质源文件，可通过扫描素材二维码进行下载。

素材文件

2.5　软体家具材质表现

2.5.1　家具纺布材质

技术要点 合成材质的应用及凹凸贴图的调整参数。

难度系数

素材文件

家具纺布材质效果图

1 调出渲染设置（与本章中单体的VRay测试参数相同）。

2 透视图：绘制家具渲染背景板（同本书单体材质案例），并根据模型单体渲染场景的需要，设置几个VR_平面光源。

3 导入素材模型：在透视图调出"显示安全框开关"快捷键 Shift+F，将模型调整至合适的渲染角度。

4 透视图：使用快捷键 Ctrl+C，建立摄像机视图。

2.5.1.1　背景板材质参数设置

1 材质编辑器：调出材质编辑器快捷键 **M**，将材质球 "Standard" 改为 "VRayMtl"。

环境和效果：调出 "环境和效果" 快捷键 **F8**，将 "背景" 颜色改为白色。

2 进行模型现阶段所有参数的测试渲染。

2.5.1.2　纺布材质 1 参数设置

　　沙发纺布效果可分为两种效果，一种为沙发外部纺布材质，另一种为沙发坐垫材质。材质效果有细微差别，因此，在案例演示过程中，会分两种材质讲解。

沙发外部纺布材质

・沙发外部纺布材质

1 材质编辑器：调出材质编辑器快捷键 **M**，将材质球 "Standard" 改为 "VRayMtl"。

VRayMtl材质球：将 "漫反射" 的颜色改为深绿色，即R：17，G：40，B：44。并在漫反射中添加 "材质/贴图浏览器" 中的 "合成" 效果。

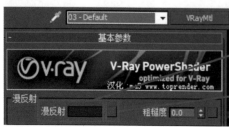

2 "合成"参数面板：在层1中添加"材质/贴图浏览器"中的"VR-颜色"效果。进入"VR-颜色"的参数设置中，将"VR颜色"调整为深绿色，即R: 17，G: 40，B: 44。完成沙发外部纺布材质1 — 漫反射 — 合成 — 层1的参数设置。

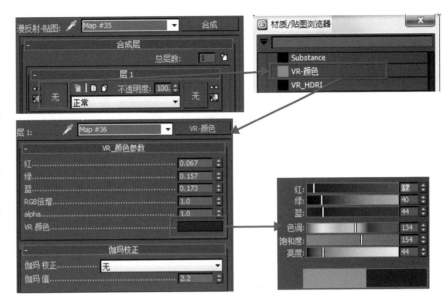

3 合成层：在"合成层"中，将"总层数"添加为2，并在层2中添加"材质/贴图浏览器"中的"位图"效果，位图素材为：dr_6。

贴图：dr_6

4 层2参数：混合模式改为："叠加"，"不透明度"改为20.0。将现阶段的沙发外部纺布材质给予模型。

5 点击 ⬛ 转到父对象，回到沙发外部纺布材质的VRayMtl主参数面板，下拉至沙发外部纺布材质的"贴图"选项，在"凹凸"选项中，将"凹凸"百分值修改为：10.0，并在右侧效果选项框中添加贴图gg。进入沙发外部纺布材质 — 贴图 — 凹凸贴图的参数面板。

贴图：gg

6 沙发外部纺布材质 — 贴图 — 凹凸贴图：在"坐标"中，将"瓷砖"的参数调整为U: 2.0，V: 2.0，模糊值为：0.15。

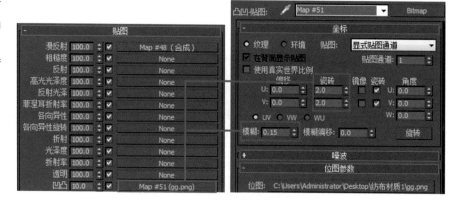

· 沙发坐垫材质

沙发坐垫材质可在沙发外部纺布材质的基础上修改，直接在材质编辑器中直接进行拖移复制。

沙发外部纺布材质

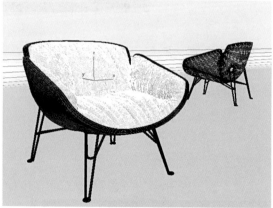

沙发坐垫材质

1 沙发坐垫材质：在沙发外部纺布材质的基础上修改。复制沙发外部纺布材质的材质球，将其材质球更名为：沙发坐垫材质。并进入"贴图"选项中漫反射的"合成"参数面板。

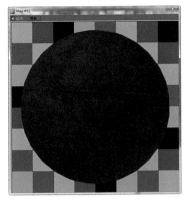
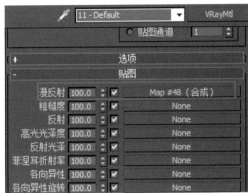

2 沙发坐垫材质 — 漫反射 — 合成参数：总层数添加1层，并在层3中添加"材质/贴图浏览器"中的"位图"效果，位图素材为：GZG_51。

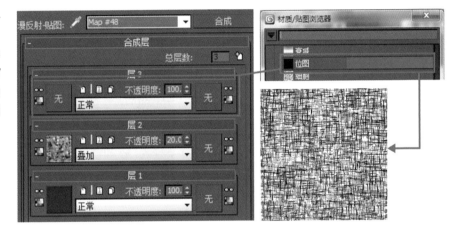

3 层3参数：将混合模式改为："相乘"，"不透明度"改为：25.0。完成沙发坐垫材质 — 漫反射 — 合成参数的设置。

4 沙发坐垫材质 — 漫反射 — 合成：在"合成"参数中点击"合成"，添加"材质/贴图浏览器"中的"衰减"效果，并将旧贴图保存为子贴图。

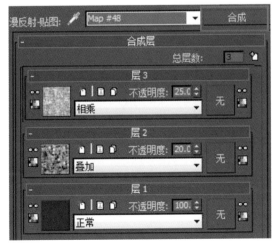

5 沙发坐垫材质 — 漫反射 —"Falloff（衰减）"：漫反射的右侧效果选项框的效果更变为Falloff（衰减）。进入其参数面板，在"衰减参数"中，将"侧"衰减颜色修改为图示颜色，即R：66，G：134，B：144，衰减值修改为：80.0。

6 沙发坐垫材质 — 漫反射 —"Falloff（衰减）"：将"前"衰减的右侧效果选项框的贴图效果拖移复制给"侧"衰减。

7 将现阶段的材质给予模型，进行出图渲染。

2.5.2 家具皮革材质

技术要点 Gamma和LUT的应用及贴图 — 合成
效果中"混合曲线"的调整。

难度系数

家具皮革材质效果图

1 调出渲染设置（与本章中单体的VRay测试参数相同）。

2 透视图：绘制家具渲染背景板（同本书单体材质案例），并根据模型单体渲染场景的需要，设置几个VR_
平面光源。

3 导入素材模型：在透视图调出"显示安
全框开关"快捷键 Shift+F，将模型调整至
合适的渲染角度。

4 透视图：使用快捷键 Ctrl+C，建立摄像机视图。

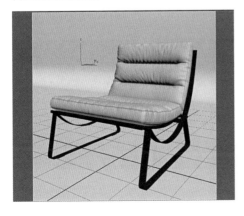

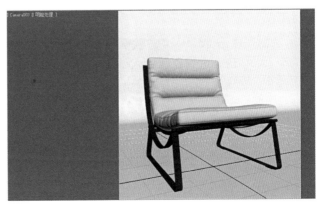

2.5.2.1 背景板材质参数设置

1 材质编辑器：调出材质编辑器快捷键 **M**，将材质球"Standard"改为"VRayMtl"。在VRayMtl材质球中，将"漫反射"颜色改为R：208，G：208，B：208，勾选"菲涅耳反射"。

完成背景板材质设置，并将材质加载至模型。

2 环境和效果：调出"环境和效果"快捷键 **F8**，默认"背景"颜色为黑色。

3 进行测试渲染，查看渲染帧的测试效果是否符合要求。

2.5.2.2 皮革材质 1 参数设置

　　本案例模拟的沙发皮革材质1为皮革中最常见的一种，其材质本身带有反射光泽及颜色渐变的效果，同时有常见的肌理纹路的效果。

1 材质编辑器：调出材质编辑器快捷键 **M**，将材质球"Standard"改为"VRayMtl"，并命名为：家具皮革材质1。

VRayMtl材质球 — 漫反射：在"漫反射"的选项框中添加"材质/贴图浏览器"中的"位图"，位图素材为：家具皮革材质001。

2 进入家具皮革材质001的"Bitmap"（贴图）参数，将瓷砖的参数改为U:15.0，V:15.0。并进行对比渲染，其中右图效果更接近真实材质的感觉。

3 点击"Bitmap"（贴图），添加"材质/贴图浏览器"中的"合成"效果，将旧贴图保存为子贴图，得到图示合成参数面板。

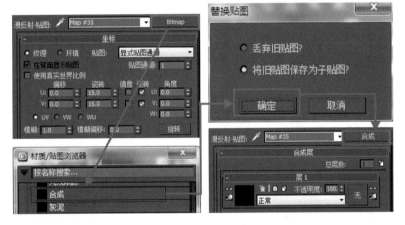

4 "合成"参数面板：将总层数添加为3层，并将层1的贴图：家具皮革材质001用"实例"复制的方法复制给层2和层3。

层1、层2、层3的贴图显示为一致，但其光泽、渐变需进行二次调整。

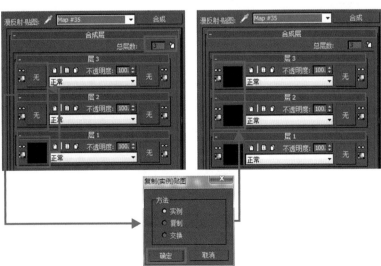

5 层2参数：在层2
右侧的选项框中，
添加"材质/贴图浏
览器"中的"衰减"
效果。

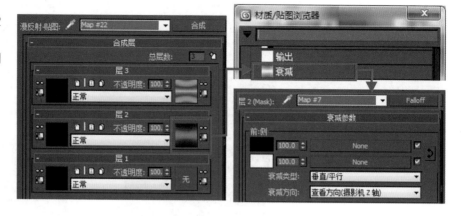

6 层2 — 衰减参数：衰减"侧"的颜色改为深灰色，即R：122，G：122，B：122。

7 下拉衰减参数面板至"混合曲线"选项，点击 **↔** "添加点"，右键将"点"变为"Bezier-平滑"。点击 **⊞** 对
曲线的弧度进行调整，得到图示的渐变效果（可点击 **↥** "显示最终效果"查看衰减的效果）。

材质球显示的渐变效果

8 层3参数：在层3
右侧的选项框中，
添加"材质/贴图浏
览器"中的"衰减"
效果。

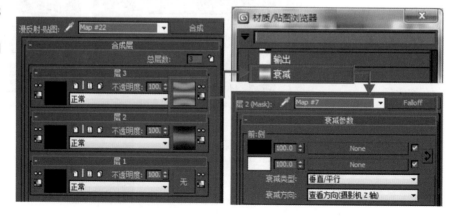

9 下拉层3 — 衰减参数面板至"混合曲线"选项，点击 📷 添加3个点，右键将第1和第3个点变为"Bezier-平滑"，第2个点变为"Bezier-直线"，并点击 ✥ 对曲线的弧度进行调整，得到图示的渐变效果（可点击 📷 "显示最终效果"查看衰减的效果）。

10 将其材质效果给予模型，测试出阶段材质局部细节图。

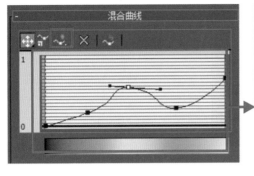

材质球显示的渐变效果

11 完成漫反射参数后，点击 📷 转到父对象，回到家具皮革材质1的VRayMtl面板。反射参数：将其颜色调整为深灰色，即R: 42, G: 42, B: 42。在"反射"的右侧选项框中添加位图，位图素材：家具皮革材质002。

12 家具皮革材质1 — 漫反射：进入家具皮革材质002的"Bitmap"（贴图）参数，将瓷砖的参数改为U:10.0, V: 10.0, 模糊: 0.8。勾选"菲涅耳反射"，"菲涅耳折射率"改为: 2.7。

贴图: 家具皮革材质002

13 家具皮革材质1 — 反射：反射光泽度改为: 0.85, 细分: 56。在其选项框中添加位图，位图素材为: 家具皮革材质004。进入家具皮革材质004的"Bitmap"（贴图）参数，将瓷砖的参数改为U:10.0, V: 10.0, 模糊: 0.8。

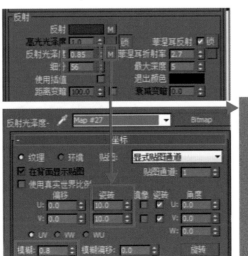

贴图: 家具皮革材质004

14 完成反射的参数设置。下拉至"贴图"选项,将反射值改为:40.0,反射光泽改为:45.0。在"凹凸"中添加位图,位图素材为:家具皮革材质003。并进入家具皮革材质003的"Bitmap"(贴图)参数,将瓷砖的参数改为U:10.0,V:10.0,模糊:0.4。凹凸值为:10.0,如果想皮革的肌理效果更加强烈,可调高凹凸的数值。

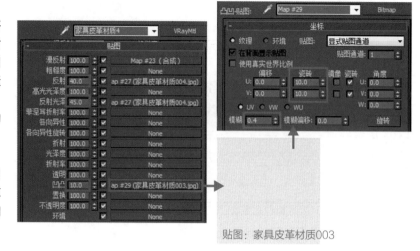

贴图:家具皮革材质003

15 进行细节渲染,查看其皮革材质的整体效果。

2.5.3 家具绒布材质

技术要点 VR_污垢材质的应用及参数调整。

难度系数 ◎◎◎◎◎

素材文件

家具绒布材质效果图

1 调出渲染设置（与本章中单体的VRay测试参数相同）。

2 透视图：绘制家具渲染背景板（同本书单体材质案例），并根据模型单体渲染场景的需要，设置几个VRay_平面光源。

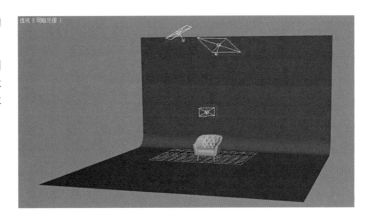

3 导入素材模型：在透视图调出"显示安全框开关"快捷键 Shift+F，将模型调整至合适的渲染角度。

4 透视图：使用快捷键 Ctrl+C，建立摄像机视图。

2.5.3.1 背景板材质参数设置

1 材质编辑器：调出材质编辑器快捷键 M，将材质球"Standard"改为"VRayMtl"。VRayMtl材质球：将"漫反射""反射"的颜色改为图示数值，即漫反射R：54，G：54，B：54。反射R：12，G：12，B：12，勾选"菲涅耳反射"。

2 环境和效果：调出"环境和效果"快捷键 **F8**，修改"背景"颜色为白色。

3 进行测试渲染，查看渲染帧的测试效果是否符合要求。

2.5.3.2　绒布材质 1 参数设置

本案例模拟的家具绒布材质1表面的绒毛较为细长，触摸绒毛表面时，会有绒毛展开的痕迹，因此材质模拟中，会进一步强调其表面的凹凸效果。

1 材质编辑器：调出材质编辑器快捷键 **M**，将材质球"Standard"改为"VRayMtl"，并命名为：家具绒布材质1。

2 家具绒布材质1 — 漫反射：在漫反射的选项框中添加"材质/贴图浏览器"中的"噪波"，进入"漫反射"—"贴图"— Noise面板，在"坐标"中将瓷砖的参数改为X：25.0，Y：25.0，Z：25.0。在"噪波参数"中将噪波类型改为："分形"，大小改为：30.0。

3 将材质给予模型，测试出材质现阶段呈现的效果。

4 家具绒布材质1 — 漫反射 — 噪波（Noise）：进入家具绒布材质1的"Noise（噪波）"参数面板，点击"Noise"，在添加"材质/贴图浏览器"中的"VR_污垢"效果，将旧贴图保存为子贴图。

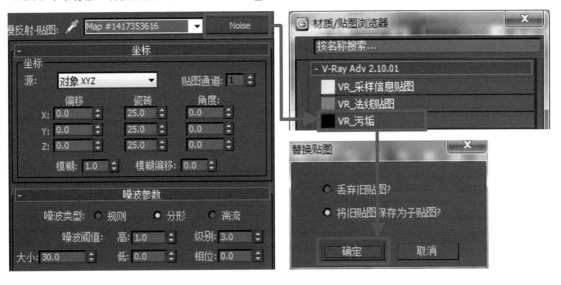

5 家具绒布材质1 — 漫反射 — VR_污垢：在漫反射 — 噪波效果下，增加"VR_污垢"，将"VR_污垢"参数中的"半径"改为：17.717，细分改为：30。

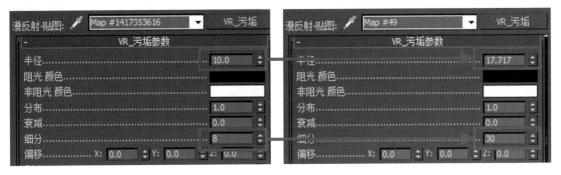

6 家具绒布材质1 — 漫反射 — VR_污垢：在贴图半径默认为"噪波"效果下，在"贴图阻光颜色"选项框中添加位图，位图素材为：绒布材质1-1。在"贴图非阻光颜色"选项框中添加"材质/贴图浏览器"的"衰减"效果。

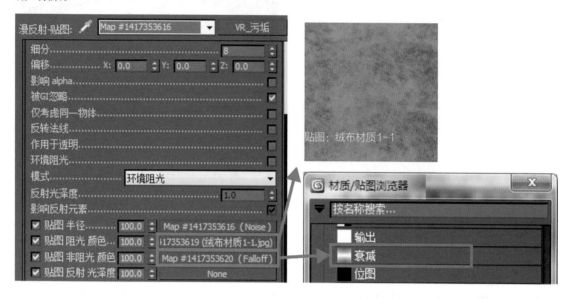

贴图：绒布材质1-1

7 VR_污垢 — 贴图非阻光颜色 — 衰减（Falloff）："贴图非阻光颜色"选项中，在"Falloff"（衰减）的"前"衰减添加位图，位图素材为：绒布材质1-2；"侧"衰减添加位图，位图素材为：绒布材质1-1。完成贴图非阻光颜色 — VR_污垢材质的效果。并将现阶段材质给予模型，进行测试渲染，得到图示的效果。

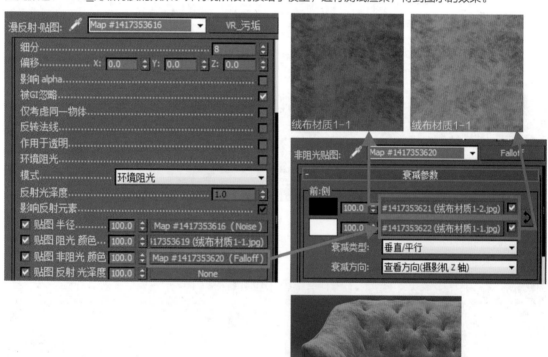

8 点击🔲转到父对象，回到家具绒布材质1的漫反射参数面板。下拉至"贴图"选项。

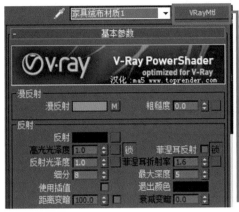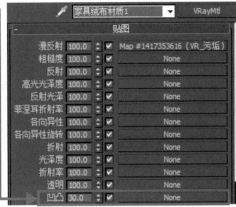

9 在家具绒布材质1 — VRayMtl — "凹凸"选项中，添加位图，位图素材为：绒布材质1-3。进入"Bitmap"位图的参数面板，将模糊修改为：3.0，让材质表面的肌理具有凹凸感，同时又不会太突兀。

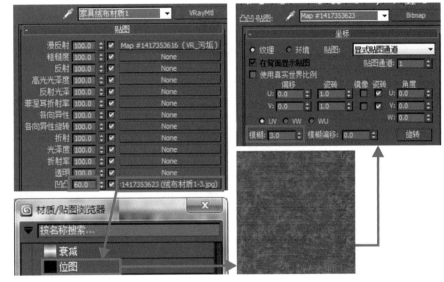

10 将绒布材质1加载给模型，并渲染模型细节局部来查看贴图是否达到绒布的效果。

11 进行整体渲染，查看绒布材质1的整体效果。

2.5.4 家具丝绸材质

技术要点 "BRDF-双向反射分布功能"的参数
调整。

难度系数 ✔✔✔✔✔

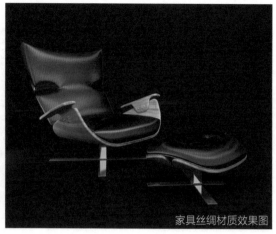

素材文件

家具丝绸材质效果图

1 调出渲染设置（与
本章中单体的VRay
测试参数相同）。

2 透视图：绘制家具
渲染背景板（同本书
单体材质案例），并
根据模型单体渲染场
景的需要，设置几个
VR_平面光源。

3 导入素材模型：在透视图调出"显示安全
框开关"快捷键 Shift+F，将模型调整至合适
的渲染角度。

4 透视图：使用快捷键 Ctrl+C，建立摄像机视图。

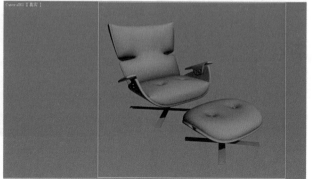

2.5.4.1　背景板材质参数设置

1　材质编辑器：调出材质编辑器快捷键 **M**，将材质球"Standard"改为"VRayMtl"。VRayMtl材质球：将漫反射改为黑灰色，反射的颜色改为黑灰色，即漫反射R：13，G：13，B：13，反射R：34，G：34，B：34。勾选"菲涅耳反射"，高光光泽度：0.87，反射光泽度：0.64，细分：25。完成背景板材质设置，并将材质加载至模型。

2　环境和效果：调出"环境和效果"快捷键 **F8**，将"背景"颜色改为白色。

3　进行测试渲染，得到图示的测试效果。

2.5.4.2　丝绸材质 1 参数设置

　　丝绸材质表面顺滑而富有光泽度，在家居用品中较为少用，但也有软体家具会采用丝绸做软包外裹的布料。由于这种材质具有非常柔顺的表面效果，其材质的制作重点在于调整其光泽度及反射效果为主。

丝绸材质 1

1 材质编辑器：调出材质编辑器快捷键 M，将材质球"Standard"改为"VRayMtl"，并命名为：家具丝绸材质1。

2 VRayMtl材质球 — 漫反射：给漫反射、反射添加材质位图，位图素材为：丝绸材质1-1。

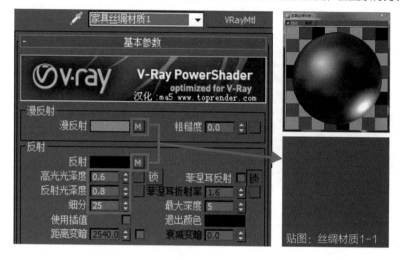

3 将材质球效果给予家具，并进行测试渲染，得到图示效果。

4 VRayMtl材质球 — BRDF — 双向反射分布功能：将"各向异性（-1..1）"的参数修改为：0.7，改变材质的光泽走向，让材质模拟得更像丝绸的感觉。

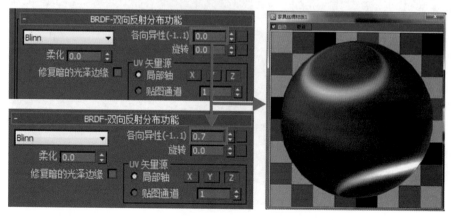

⑤ 将材质给予模型，进行测试渲染，得到家具丝绸材质的效果。

2.5.5 家具纱布材质

技术要点 VR_污垢材质的应用及参数调整。

难度系数 ⊘⊘⊘⊘⊘

素材文件

家具纱布材质效果图

① 调出渲染设置（与本章中单体的VRay测试参数相同）。

② 透视图：绘制家具渲染背景板（同本书单体材质案例），并根据模型单体渲染场景的需要，设置几个VR_平面光源。

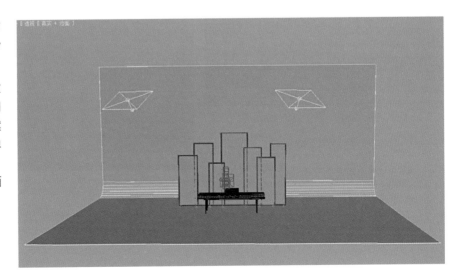

3 导入素材模型：在透视图调出"显示安全框开关"快捷键 **Shift+F**，将模型调整至合适的渲染角度。

4 透视图：使用快捷键 **Ctrl+C**，建立摄像机视图。

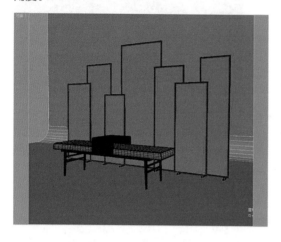
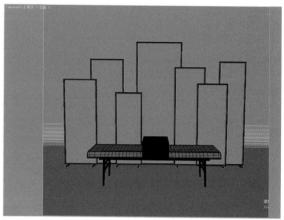

2.5.5.1 背景板材质参数设置

1 材质编辑器：调出材质编辑器快捷键 **M**，将材质球"Standard"改为"VRayMtl"。

VRayMtl材质球：将"漫反射""反射"的颜色改为图示的数值，即漫反射R：29，G：29，B：29。反射R：34，G：34，B：34，勾选"菲涅耳反射"。

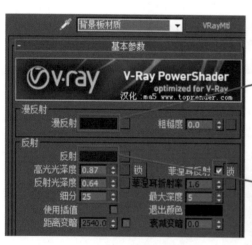
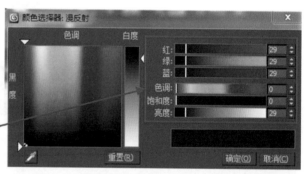
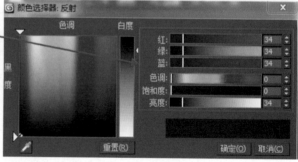

2 环境和效果：调出"环境和效果"快捷键 **F8**，修改"背景"颜色为白色。

3 进行测试渲染，查看渲染帧的测试效果是否符合要求。

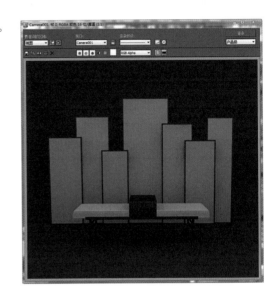

2.5.5.2 纱布材质 1 参数设置

　　本案例模拟的家具纱布材质1是带有花纹装饰的半透明白色纱布，这种纱布一般多用于软装饰家居用品中，主要以窗帘为主。

1 材质编辑器：调出材质编辑器快捷键 **M**，将材质球"Standard"改为"VRayMtl"，并命名为：家具纱布材质1。

家具纱布材质1 — 漫反射：在漫反射的选项框中添加"材质/贴图浏览器"中的"衰减"效果。

② 家具纱布材质1 — 漫反射 — Falloff（衰减）：进入"Falloff（衰减）"参数面板，将"前"衰减的颜色修改为淡白色，即R：221，G：221，B：221。

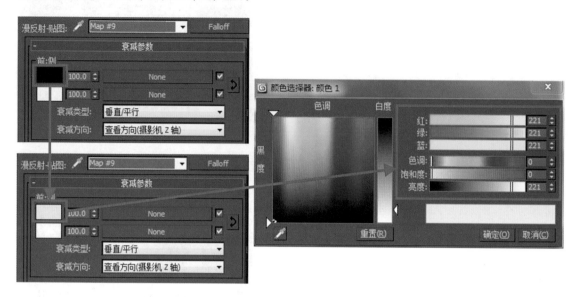

③ 点击■转到父对象，回到家具纱布材质1的漫反射参数面板。下拉至"贴图"选项，在选项的"不透明度"中添加位图，位图素材为：家具纱布材质1-2。

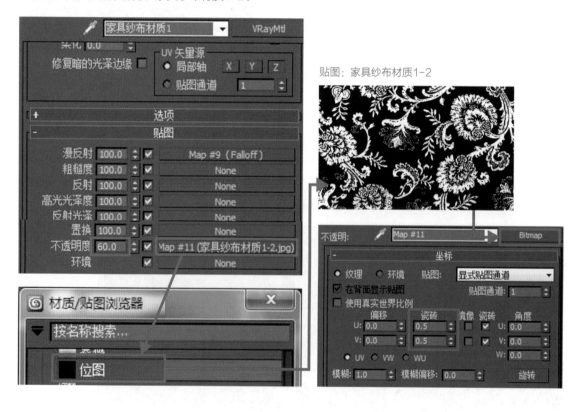

贴图：家具纱布材质1-2

4 家具纱布材质1 — 贴图 — 不透明度：进入"不透明度"的参数面板，将位图：家具纱布材质1-2"坐标"中的"瓷砖"修改为：U:0.5，V:0.5。

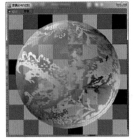 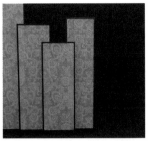

5 将材质球效果加载给模型，并进行局部测试渲染，观察其材质效果。

6 进行整体渲染，查看纱布材质1的整体效果。

附赠：

　　家具纺布材质、家具皮革材质、家具绒布材质、家具纱布材质、家具丝绸材质的材质源文件，可通过扫描素材二维码进行下载。

素材文件

2.6 其他材料家具材质表现

2.6.1 石材家具材质

技术要点 "反射"选项中衰减的应用。

难度系数 ✓✓◯◯◯

素材文件

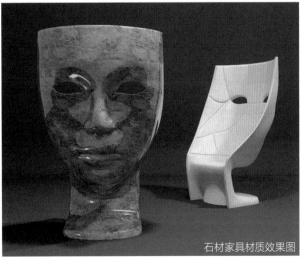
石材家具材质效果图

1 调出渲染设置（与本章中单体的VRay测试参数相同）。

2 透视图：绘制家具渲染背景板（同本书单体材质案例），并根据模型单体渲染场景的需要，设置几个VR_平面光源。

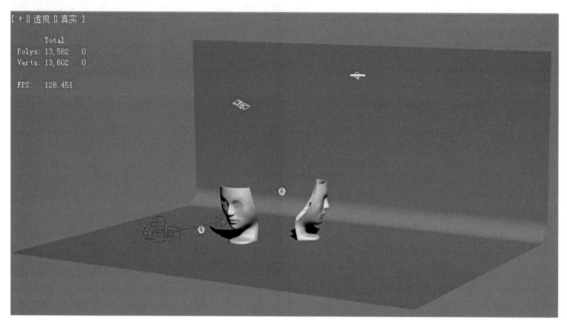

3 导入素材模型：在透视图调出"显示安全框开关"快捷键 **Shift+F**，将模型调整至合适的渲染角度。

透视图：使用快捷键 **Ctrl+C**，建立摄像机视图。

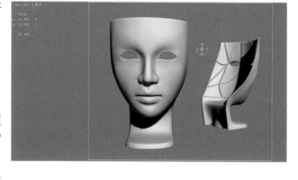

2.6.1.1 背景板材质参数设置

1 材质编辑器：调出材质编辑器快捷键 **M**，将材质球"Standard"改为"VRayMtl"，并命名为：背景板材质。

VRayMtl材质球：将漫反射、反射的颜色改为黑灰色，R：39，G：39，B：39，勾选"菲涅耳反射"。

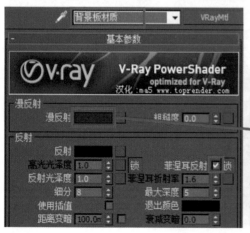

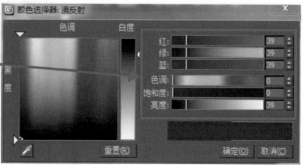

2 环境和效果：调出"环境和效果"快捷键 **F8**，将"背景"颜色改为浅白色，即R：218，G：218，B：218。

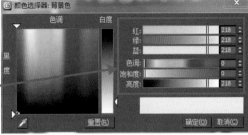

3 完成背景板材质设置，并将材质加载至模型。进行测试渲染，得到图示的场景效果。

2.6.1.2 大理石材质参数设置

在现代环境艺术设计的逐渐发展下，大理石变成对有各种颜色花纹的、用来做建筑装饰材料的石灰岩的统称。大理石材质进入建筑装饰装修业后，主要用于加工成各种形材、板材，不仅用于豪华的公共建筑物，也进入了家庭的装饰。还大量用于制造精美的用具，如家具、灯具及艺术雕刻等。本

案中展示的大理石，使用者可以通过更换大理石贴图的样式，制作出很多不同颜色、花纹的大理石材质。

1 材质编辑器：调出材质编辑器快捷键 **M**，将材质球"Standard"改为"VRayMtl"，并命名为：大理石材质。

VRayMtl材质球 — 漫反射：在漫反射的选项框中添加"材质/贴图浏览器"中的"位图"，添加一张位图，位图素材为：石材家具材质01。

贴图：石材家具材质01

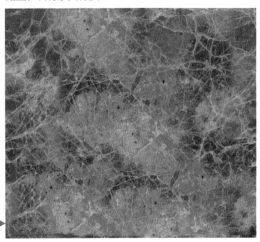

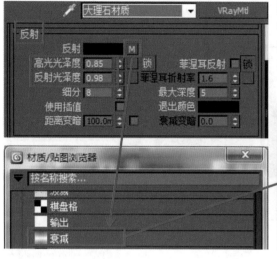

2 VRayMtl材质球 — 反射：在反射的右侧效果选项框中添加"材质/贴图浏览器"中的"衰减"效果。高光光泽度：0.85，反射光泽度：0.98。进入大理石材质 — 反射衰减"Falloff"的参数面板。

3 大理石材质 — 反射衰减"Falloff"：将"衰减参数"的"前"衰减颜色从默认的黑色修改为深灰色，即R：34，G：34，B：34。

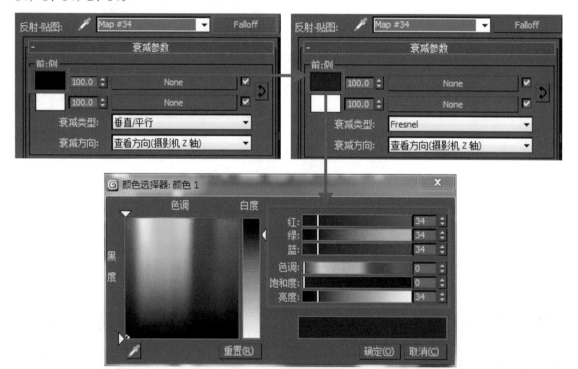

4 将大理石材质给予模型，进行整体渲染，得到石材家具材质的最终渲染效果。此时的大理石材质为高亮光材质。如果想做成亚光大理石效果，可通过修改反射选项中的"反射光泽度"以及勾选"菲涅耳反射"来呈现。

5 在VRayMtl材质球中，对VRayMtl材质球 — 反射的参数进行修改，反射光泽度：0.65，并勾选"菲涅耳反射"。

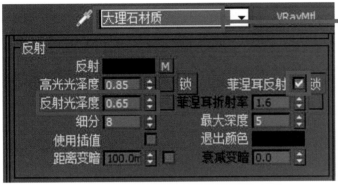

6 图示的亚光大理石材质是在大理石材质的基础上，修改了反射光泽度的参数值，并勾选"菲涅耳反射"所得到的效果。在做产品效果图时，可快速地调整得到亚光效果。

2.6.2 玻璃家具材质

技术要点

压花："材质/贴图浏览器"中的"法线凹凸"参数的设置。

有色："折射"选项中的"烟雾颜色"及"颜色倍增"参数的设置。

磨砂："折射"效果选项框中添加"材质/贴图浏览器"中的"衰减"并修改参数。

花纹："材质/贴图浏览器"中的"混合"参数的设置。

难度系数 ⊘ ⊘ ⊘ ⊘ ⊘

压花玻璃材质

有色玻璃材质

素材文件 　素材文件

① 调出渲染设置（与本章中单体的VRay测试参数相同）。

② 透视图：绘制家具渲染背景板（同本书单体材质案例），并根据模型单体渲染场景的需要，设置几个VR_平面光源。

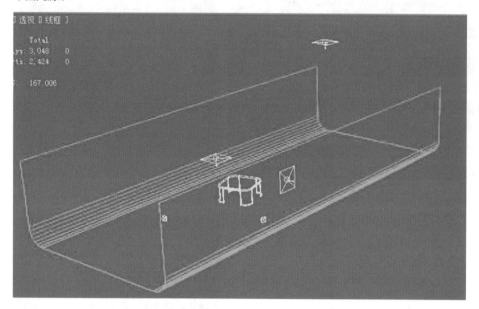

③ 导入素材模型：在透视图调出"显示安全框开关"快捷键 Shift+F，将模型调整至合适的渲染角度。

透视图：使用快捷键 Ctrl+C，建立摄像机视图。

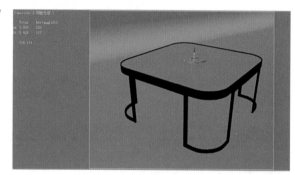

2.6.2.1 背景板材质参数设置

① 材质编辑器：调出材质编辑器快捷键 M，将材质球"Standard"改为"VRayMtl"。

VRayMtl材质球：将漫反射的颜色修改为灰色，即R：128，G：128，B：128。完成背景板材质设置，并将材质加载至模型。

2 环境和效果：调出"环境和效果"快捷键 F8，默认背景色为黑色。

3 进行压花玻璃材质的测试渲染，得到图示效果。

2.6.2.2 玻璃材质参数设置

（1）压花玻璃材质参数设置

压花玻璃又称花纹玻璃或滚花玻璃，是采用压延方法制造的一种平板玻璃，压花玻璃的理化性能与普通透明平板玻璃基本相同，仅在光学上具有透光不透明的特点，可使光线柔和，并具有隐私的屏护作用和一定的装饰效果。一般用在承具家具的台面，或用于建筑的室内间隔。

1 材质编辑器：调出材质编辑器快捷键 M，将材质球"Standard"改为"VRayMtl"，并命名为：压花玻璃材质。

VRayMtl材质球 — 反射：将"反射"颜色修改为浅白色，即R：250，G：250，B：250。

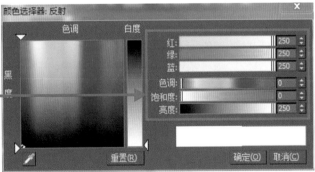

2 VRayMtl材质球 — 折射：将"折射"的颜色修改为白色，光泽度：0.95，细分：16。勾选"影响阴影"，并将折射率修改为：1.57。

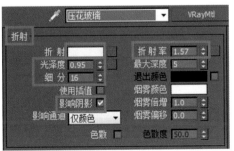

③ 下拉至压花玻璃材质的"BRDF-双向反射分布功能"选项，将反射类型从默认的Blinn修改为：Ward，并取消勾选"修复暗的光泽边缘"（这样压花玻璃材质的边缘会带有一些周围环境的影响色）。

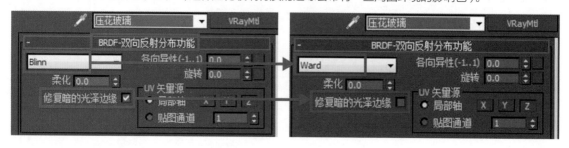

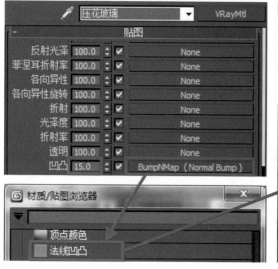

④ 下拉至压花玻璃材质的"贴图"选项，找到"凹凸"选项，并将其百分值修改为：15.0，在右侧的效果选项框中添加"材质/贴图浏览器"中的"法线凹凸"效果，进入凹凸贴图 — 法线凹凸的参数面板。

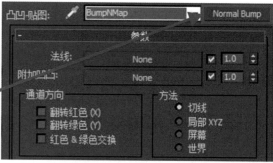

⑤ 压花玻璃材质 — 凹凸贴图 — 法线凹凸的参数面板：在"参数"的"法线"右侧效果选项框中添加一张位图，位图素材为：玻璃材质01。在"方法"选项中，将默认勾选的"切线"修改为"局部XYZ"。

贴图：玻璃材质01

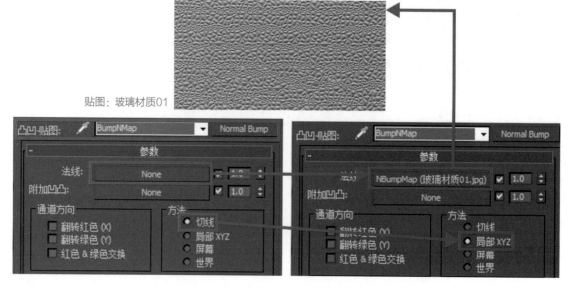

6 将材质球给模型，并进行局部测试渲染，可观察压花玻璃材质的最终效果。

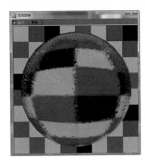

（2）有色玻璃材质参数设置

有色玻璃，又名吸热玻璃、彩色玻璃，指加入彩色艺术玻璃着色剂后呈现不同颜色的玻璃。有色玻璃能够吸收太阳可见光，减弱太阳光的强度，玻璃在吸收太阳光线的同时自身温度提高，容易产生热胀冷裂。本案例的有色玻璃呈现什么颜色取决于"折射"选项中"烟雾颜色"的参数；而玻璃的颜色明暗程度取决于"烟雾倍增"的参数。

1 调出渲染设置（与本章中单体的VRay测试参数相同），可共用压花玻璃的场景设置进行单体材质渲染。将模型调整至合适的渲染角度，使用快捷键 Ctrl+C ，建立摄像机视图。

2 材质编辑器：调出材质编辑器快捷键 M ，将材质球"Standard"改为"VRayMtl"，并命名为：有色玻璃材质。

VRayMtl材质球 — 反射：将"反射"颜色修改为深灰色，即R：30，G：30，B：30，细分：25。

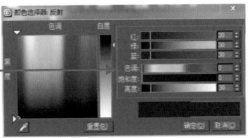

3 VRayMtl材质球 — 折射：将"折射"颜色修改为白色，勾选"影响阴影"。

将"烟雾颜色"修改为深绿色，即R：13，G：41，B：14，烟雾倍增修改为：0.01。

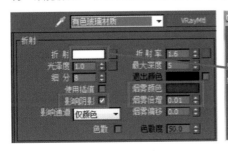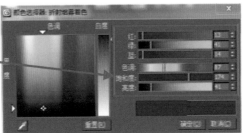

4 有色玻璃材质球：材质球呈色虽然看不出颜色，但可以根据"折射"中"烟雾颜色"来调整有色玻璃，而"烟雾倍增"则是颜色参数越小，颜色呈现的浓淡效果更淡。

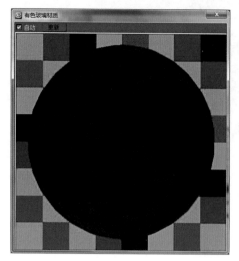

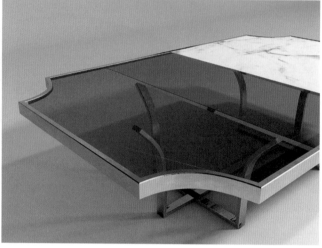

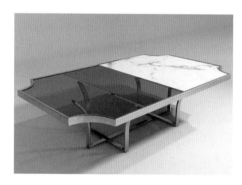

5 将材质球给予模型，并进行整体渲染，可观察有色玻璃材质的最终效果。确认材质没有问题后，进行出图参数设置，并进行整体渲染。

附赠：

　　磨砂玻璃材质、花纹玻璃材质、陶瓷材质的材质源文件，可通过扫描素材二维码进行下载。

素材文件

3 家具与家居空间渲染表现

3.1 家具产品单体及系列的空间表现

3.2 家居风格与室内设计常用材质表现

3.1 家具产品单体及系列的空间表现

3.1.1 软体家具单体及系列的空间表现

技术要点 VRay光源的应用。

难度系数 ✓✓○○○

3.1.1.1 软体家具单体场景设置

对于软体家具场景的渲染设置，前提是模型质量的好坏。在做单体渲染时，沙发本身有折痕、更多的转折面，会让光线反射的效果更佳。在设置灯光的时候，灯光的面积尽量不要太大，太大容易在画面产生过亮或曝光现象。可选用一种类型的灯光（例如：空间所有灯光为VR_平面光源）进行分层、角度的调整，来营造单体模型与空间之间的明暗、前后的对比关系。

软体家具单体场景渲染表现

系列软体家具场景渲染表现

素材文件

软体家具单体场景模型

素材文件

系列软体家具场景模型

（1）场景测试渲染设置

1 调出渲染设置快捷键 **F10**。

2 选择VRay渲染器。

3 对VRay渲染器中的"VR_基项"进行参数设置。

4 VR_基项：修改选项"V-Ray:帧缓存"。

5 VR_基项：修改选项"V-Ray:图像采样器（抗锯齿）"，类型：自适应DMC，不勾选"抗锯齿过滤器"。

6 VR_间接照明：修改选项"V-Ray：间接照明（全局照明）"，将二次反弹 — 全局光引擎改为：灯光缓存。

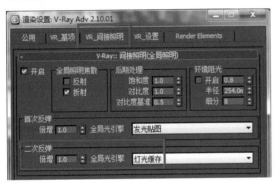

7 VR_间接照明：修改选项"V-Ray：灯光缓存"，细分：100，勾选"保存直接光""显示计算状态"。

8 VR_间接照明：修改选项"V-Ray：发光贴图"，当前预置：非常低，勾选"显示计算过程"。完成渲染测试参数的设置。

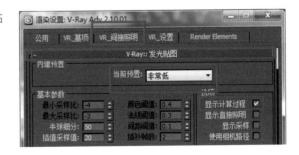

（2）背景及背景板材质参数设置

1 环境和效果：调出"环境和效果"快捷键 **F8**，先将"背景"颜色改为白色。当空间没有灯光素材，背景又为黑色时，VRay渲染器渲染不出空间效果，因此，背景色先调整为白色。

② 导入软体家具素材模型，并在左视图绘制家具单体的渲染背景板，进行空间的测试渲染。

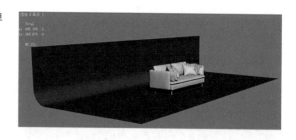

③ 背景板材质：调出材质编辑器快捷键 Ⓜ，将材质球"Standard"改为"VRayMtl"，并命名为：背景板材质。

VRayMtl材质球：将"漫反射"颜色改为浅灰色，即R：124，G：124，B：124，勾选"菲涅耳反射"。

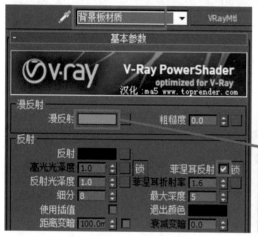

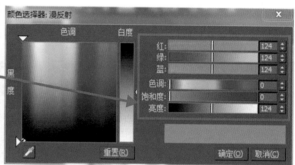

④ 完成背景板材质设置，并将材质加载至模型，进行测试参数渲染。

⑤ 将沙发材质加载至模型，进行测试参数渲染。

（3）灯光参数设置

灯光1：VR_光源001

① 在 ☀ "创建"面板中，找到 ◀ "灯光"创建。在灯光类型中选 ⬚ VRay灯光，选择"VR_光源"，在前视图进行创建。

2 在创建灯光的过程中，灯光的面积大小可根据测试效果进行调整。

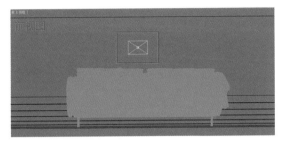

3 左视图：对VR_光源001进行角度的微调，让其灯光照射在沙发模型单体上。

4 选择VR_光源001，在3D max的右侧主工具栏中找到 ✎（修改）命令，进入VR_光源001的修改命令列表。在"参数"中修改灯光的"倍增器"为：200.0，灯光"颜色"修改为白色。

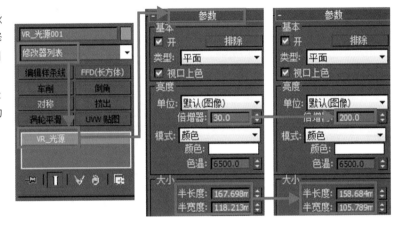

5 VR_光源001：在VR_光源001的"选项"中，勾选"不可见"（指灯光形状不可见），完成VR_光源001的设置。当空间有灯光素材后，可不采用环境色，而是通过灯光来影响场景的黑白关系。

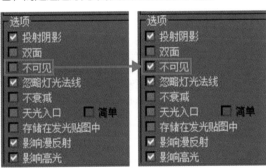

6 环境和效果：调出"环境和效果"快捷键 **F8**，先将"背景"颜色改为黑色。

7 对软体家具单体场景进行整体渲染，得到现阶段的空间渲染效果。效果图呈现的灯光仍旧比较微弱，这时可以在沙发正上方进行补光，即继续添加灯光。

灯光2：VR_光源002和VR_光源003

8 顶视图：在顶视图创建第二个VRay灯光，对VR_光源002进行角度的微调，让其灯光照射在沙发正下方，对沙发进行补光。

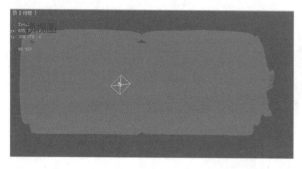 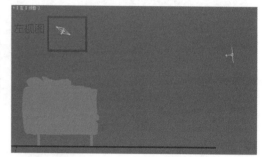

9 进入VR_光源002的修改命令列表。

在"参数"中修改灯光的"倍增器"为：550.0，灯光"颜色"修改为白色。在VR_光源002的"选项"中，勾选"不可见"。

10 VR_光源002：在顶视图，选择VR_光源002，进行拖移实例复制出VR_光源003，并进行测试渲染，可看到沙发整体亮度提高。

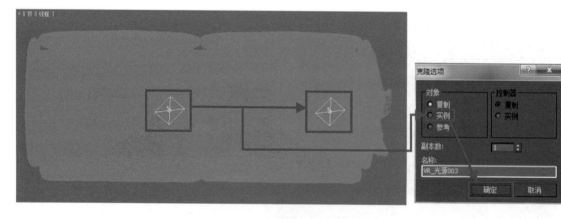

11 在三个VRay灯光的基础上，沙发的明暗关系对比比较明显、有层次。但背景相对较暗，可继续添加灯光进行环境背景补光。

灯光4：VR_光源004

12 顶视图：在顶视图，沙发的右侧创建第四个VRay灯光进行沙发两侧的补光，对VR_光源004进行角度的微调，将VR_光源004移至沙发模型的位置。

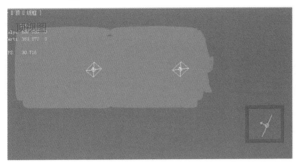
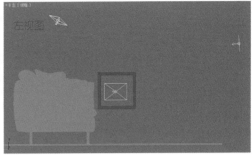

13 进入VR_光源004的修改命令列表。在"参数"中修改灯光的"倍增器"为：70.0，灯光"颜色"为白色。在VR_光源004的"选项"中，勾选"不可见"。

灯光5：VR_光源005

14 顶视图：选择VR_光源004，在 **M** "镜像"中进行 "X"镜像轴复制出VR_光源005。并将复制的VR_光源005拖移至沙发的左侧进行沙发投影补光。

15 将VR_光源005移至沙发模型左侧的位置。

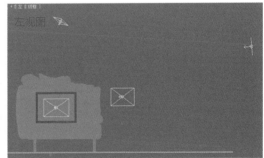

16 透视图：进行角度调整，并设置出图参数设置，进行沙发单体整体渲染，得到软体家具单体场景渲染的最终效果。

3.1.1.2 系列软体家具场景设置

导入素材模型，在左视图绘制系列软体家具的渲染背景板，在 ⬤ "几何体"中使用 长方体 分别绘制渲染背景板、地板。

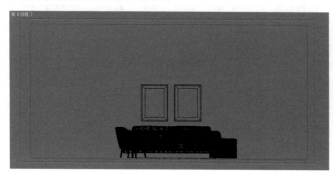 

（1）背景板材质参数设置

1 环境和效果：调出"环境和效果"快捷键 **F8**，先将"背景"颜色改为白色，"环境光"修改为浅灰色，进行空间的测试渲染。当空间没有灯光素材，背景又为黑色时，VRay渲染器渲染不出空间效果，因此，背景色先调整为白色。

2 材质编辑器：调出材质编辑器快捷键 **M**，将材质球"Standard"改为"VRayMtl"，并命名为：背景板材质。

3 VRayMtl材质球：将漫反射改为浅灰色，即R：93，G：93，B：93。将反射改为深灰色，即R：40，G：40，B：40。高光光泽度：0.33，反射光泽度：1.0。完成背景板材质设置。

 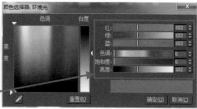

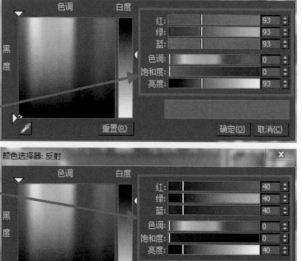

（2）地板材质参数设置

1 地板材质：将材质球"Standard"改为"VRayMtl"，并命名为：地板材质。

2 地板材质VRayMtl — 漫反射：在"漫反射"的右侧效果选项框中添加"材质/贴图浏览器"中的"颜色修正"效果，并进入漫反射 — 颜色修正的参数面板。

3 地板材质VRayMtl — 漫反射 — 颜色修正：进入"颜色修正"参数面板，在"基本参数"的"贴图"— None选项框中添加一张位图，位图素材为：系列软体家具场景表现02。并将"颜色"中的饱和度降低，参数值为：−57.037。

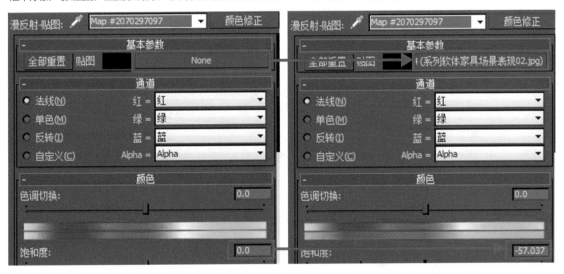

4 点击颜色修正 —"基本参数"中的"贴图"（系列软体家具场景表现02）的Bitmap面板，并将贴图的"模糊"修改为：0.1。

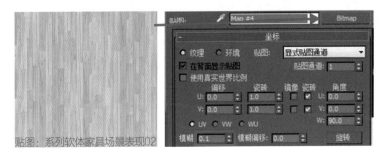

贴图：系列软体家具场景表现02

5 点击 转到父对象，回到漫反射 — 颜色修正的参数面板。

地板材质VRayMtl — 漫反射 — 颜色修正：在"亮度"选项中，将"亮度"提高，参数为：16.543。将"对比度"提高，参数为：23.951。

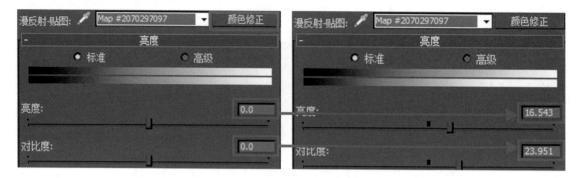

6 点击 转到父对象，回到地板材质VRayMtl的参数面板。

7 地板材质VRayMtl — 反射：将"反射"的颜色修改为深灰色，并在"反射"的右侧效果选项框中添加"材质/贴图浏览器"中的"衰减"效果。

高光光泽度：0.5，反射光泽度：0.7，细分：25，勾选"菲涅耳反射"，并点击解锁"菲涅耳折射率"，将"菲涅耳折射率"修改为：6.8，完成地板材质参数的设置。

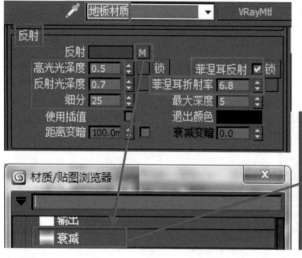

8 将背景板材质加载至背景板模型，将地板材质加载至地板模型。

（3）设置摄像机

1 在场景的顶视图，用
☀"创建"中的 **🎥**"摄
像机"给场景创建一个
"VR_物理像机"。

2 在顶视图进行位移的调整，在左视图调整摄像机高度。

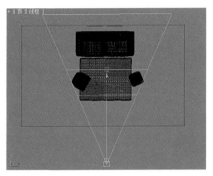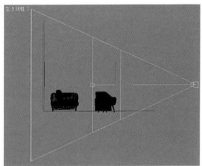

3 进行空间的测试渲
染，得到图示效果。待灯
光参数设置完成后，可通
过调整VR_物理像机的
参数来做出更自然舒适的
场景效果图。

（4）灯光参数设置

灯光1：Direct001（目标
平行光）

1 在 **☀**"创建"面板
中，找到 **💡**"灯光"
创建。在灯光类型中选
标准 中的"目
标平行光"，在前视图进
行创建。

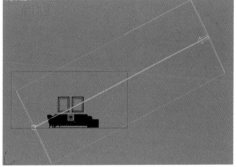

2 在创建灯光的过程中，
灯光的照射高度、覆盖范
围、位置可根据测试效果
进行调整。

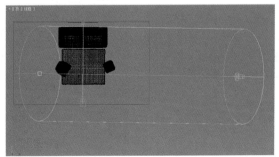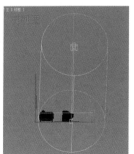

3 Direct001：进入Direct001（目标平行光）的 修改器列表 ▼，并对Direct001的参数进行修改。

4 Direct001 — 常规参数："阴影"项勾选"启用"，并将阴影类型修改为：VRayShadow。

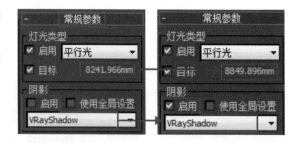

5 Direct001 — 强度/颜色/衰减：将Direct001灯光倍增的颜色修改为淡黄色，即R：255，G：232，B：205。

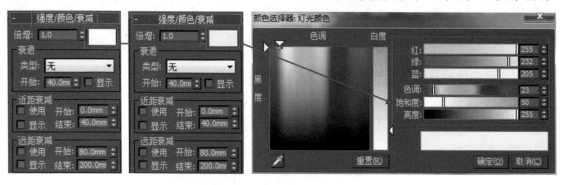

6 Direct001 — 平行光参数：勾选"显示光锥"，并将"聚光区/光束"修改为：1800.0，衰减区/区域修改为：1802.0。

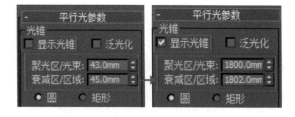

7 环境和效果：调出"环境和效果"快捷键 **F8**，先将"背景"颜色改为黑色（不采用环境色，而是通过灯光来影响空间的黑白关系）。

8 对空间进行测试渲染，由于Direct001（目标平行光）的影响，空间的光线感觉柔和，略微昏暗。添加灯光2和灯光3。

灯光2：VR_平面光源 — VR_光源001

灯光3：VR_平面光源 — VR_光源002

9 在 **☀** "创建"面板中，找到 **◀** "灯光"创建。在灯光类型中选 VRay ▼ VRay灯光，选择"VR_光源"，在前视图进行创建。

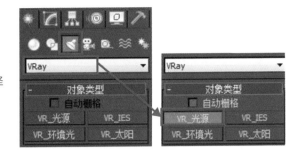

10 在创建灯光的过程中，灯光的面积大小可根据测试效果进行调整。通过在顶、前、左视图对VR_光源001进行微调，让其灯光照射在模型右前方，模拟光线进入空间的效果。

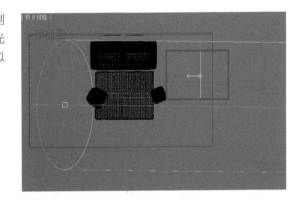

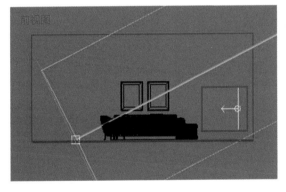

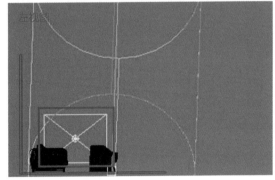

11 灯光2：进入VR_光源001的修改命令列表。在"参数"中修改灯光的"倍增器"为：8.0，灯光的"颜色"为淡黄色，即R：255，G：241，B：225。灯光面积的大小修改为半长度：637.0，半宽度：485.0。

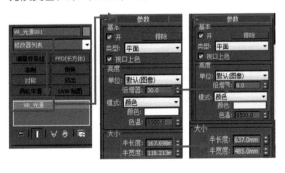

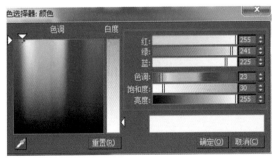

12 在VR_光源001的"选项"中，勾选"不可见"（指灯光形状不可见）。

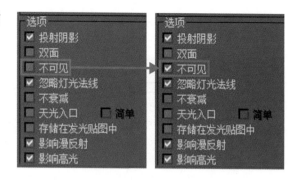

13 灯光3：在顶视图中，选择VR_光源001，在 M "镜像"中进行"X"镜像轴复制出VR_光源002。并将复制的VRay灯光拖移至空间的左侧进行沙发投影补光。将VR_光源002移至沙发模型左侧的位置。

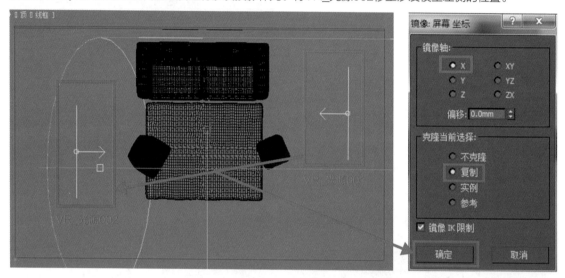

14 灯光3：进入VR_光源002的修改命令列表。在"参数"中修改灯光的"倍增器"为3.0，灯光的"颜色"为淡蓝色，即R：249，G：255，B：255。灯光面积的大小与VR_光源001一样。

15 添加了灯光2后，空间测试渲染的效果。

16 添加了灯光3后，空间测试渲染的效果，地面的明暗程度发生了变化。

灯光4：VR_平面光源 — VR_光源003

17 在创建灯光的过程中，灯光的照射高度、覆盖范围、位置可根据测试效果进行调整。

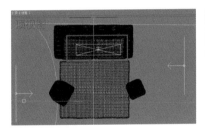
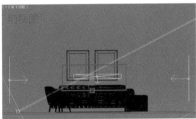
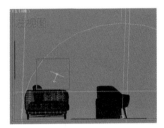

18 灯光4：进入VR_光源003的修改命令列表。在"参数"中修改灯光的"倍增器"为：4.0，灯光的"颜色"为淡蓝色，即R：249，G：255，B：255。灯光面积的大小修改为半长度：277.0，半宽度：133.0。

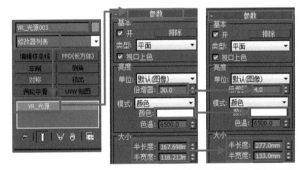
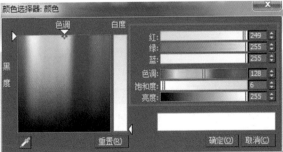

19 进行整体渲染，得到现阶段的模型空间渲染效果。多人沙发通过VR_光源003整体提亮了色调。空间的灯光有些过于昏黄，这时可通过本案例前期设置的VR_物理像机001对空间的色调及亮度进行二次整体调整。

（5）摄像机参数修改

1 点击摄像机 — VR_物理像机001，并进入其参数面板，对其参数进行调整。

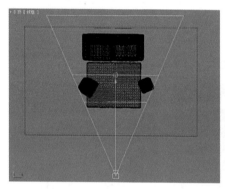 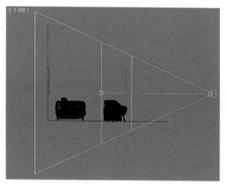

2 在"基本参数"选项中，将"光圈系数"修改为：4.0。为了与真实相机拍摄效果接近，光圈系数常用的取值有2.0，4.0，8.0，11等。光圈系数与景深成正比，光圈系数越大，画面越暗，渲染耗时则随着光圈系数的加大而减少。

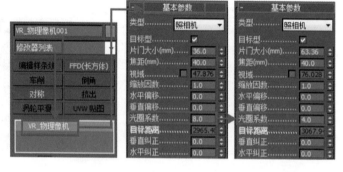

3 在"基本参数"选项中，将"白平衡"修改为：自定义，通过自定义平衡中的颜色来调整画面的色调，即R：247，G：239，B：232。将"快门速度"修改为：80.0。将"感光速度（ISO）"修改为：400.0。

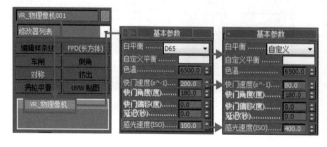 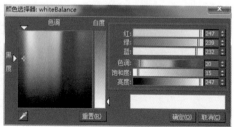

白平衡：白平衡可以校正效果图画面的偏色，需要单击"白平衡"选择"自定义"。在自定义平衡中将颜色吸取为画面中不想偏向的色彩，如本案例中，空间偏黄色，则将自定义平衡颜色修改为浅黄色。再次渲染时，被吸取的颜色将会被定义为纯白色，画面中与整个空间相似的颜色也将相应地被校正。

快门速度：快门速度是控制渲染图像亮度的一个常用参数，相比之下，通过光源参数来改变场景亮度要更快捷。曝光时间是快门速度的倒数，即取值越大，快门速度越快，曝光时间越短，效果图画面就越暗，渲染速度越快；取值越小，快门速度越慢，曝光时间越长，画面越亮、越清晰，渲染速度越慢。

感光速度：数值越小，画质越好；数值越大，画面越亮，但画质有所下降。

可通过效果图进行对比，画面色调由昏黄的暖色调变为偏白的冷色调。校正了效果图的整体效果。除此之外，还可以给单人沙发添加VR_平面光源，进行单体模型的局部补光，得到最终效果图。

3.1.2 金属家具单体及系列的空间表现

技术要点 VR_平面光源及泛光灯的应用。

难度系数 ✓✓✓✓✓

3.1.2.1 金属家具单体场景设置

本章节中对高反光金属材料及表层涂料金属材料进行了不同场景氛围的灯光、背景烘托。其中，高亮光金属家具本身具有较强反射空间色彩、灯光的材料本质。因此，在做场景时，为了突出其高反光的材质特性，场景的背景颜色将偏向浅色系，灯光则是以白光照明为主；表层金属材料，其材料本身会带有颜色或涂料的质感，表面颗粒感明显，因此，在做场景时，场景的背景颜色则偏向深色系，以烘托其组合家具场景的气氛。

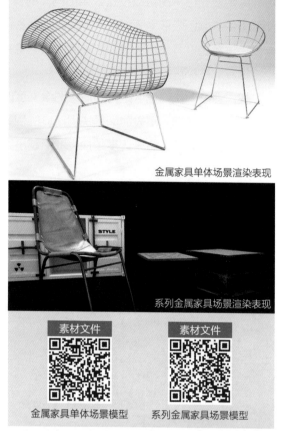

金属家具单体场景渲染表现

系列金属家具场景渲染表现

1 调出渲染设置（与本章的3.1.1.1中VRay测试参数相同）。绘制家具渲染背景板（同本书单体材质案例）。

2 导入素材模型：在透视图调出"显示安全框开关"快捷键 Shift+F，将模型调整至合适的渲染角度。

3 透视图：使用快捷键 Ctrl+C，建立摄像机视图。

素材文件	素材文件
金属家具单体场景模型	系列金属家具场景模型

（1）背景及背景板材质参数设置

1 背景板材质：调出材质编辑器快捷键 M，将材质球"Standard"改为"VRayMtl"，并命名为：背景板材质。

VRayMtl材质球：将漫反射改为浅灰色，即R：206，G：206，B：206，勾选"菲涅耳反射"。

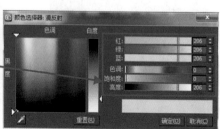

2 环境和效果：调出"环境和效果"快捷键 **F8**，"背景"颜色改为黑色。

3 完成背景及背景板材质的设置，并将材质加载至模型，进行测试参数渲染。

（2）灯光参数设置

灯光1：VR_光源001

1 在 ★ "创建"面板中，找到 ◀ "灯光"创建。在灯光类型中选 VRay灯光，选择"VR_光源"，在顶视图进行灯光创建。

2 在创建灯光的过程中，灯光的面积大小可根据测试效果进行调整，调整至适宜的角度。

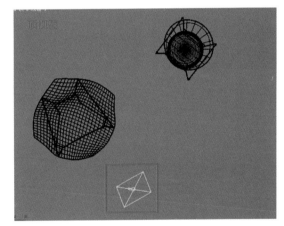

3 前视图/左视图：对VR_光源001进行角度的微调，让其灯光照射在金属家具单体的上方。

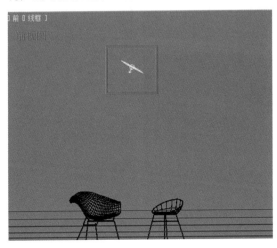

4 灯光1：进入VR_光源001的修改命令列表。在"参数"中，创建VR_光源的类型为：平面。修改灯光的"倍增器"为：500.0，灯光的"颜色"默认为白色。在灯光的"大小"中，将"半长度"修改为：210.0，"半宽度"修改为：315.0。

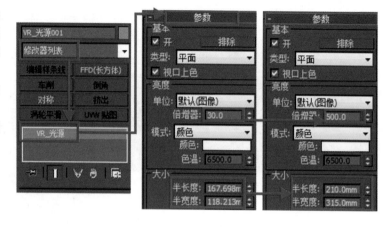

5 灯光1：在VR_光源001的"选项"中，勾选"不可见"（指灯光形状不可见）。

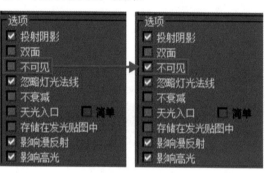

6 进行整体渲染，得到现阶段的金属家具单体的空间渲染效果。可继续添加灯光对家具单体进行补光。

灯光2：VR_光源002

7 在 ☀ "创建"面板中，找到 ◀ "灯光"创建。在灯光类型中选 VRay VRay灯光，选择"VR_光源"，在顶视图进行创建。

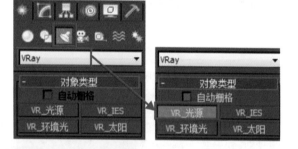

8 灯光2：在顶视图选择VR_光源001进行拖移复制，将复制出来的VR_光源002移至两张金属休闲椅的上方。

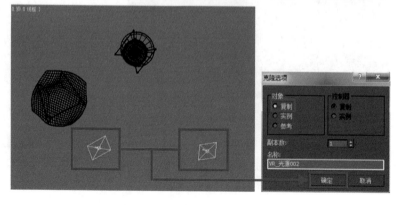

9 灯光2：在前视图、左视图中对VR_光源002进行角度的调整，让其灯光照射在两把金属休闲椅的右前侧，并将其灯光光源照射方向偏下。

10 进入VR_光源002的修改命令列表。在"参数"中，修改灯光的"倍增器"改为：900.0，灯光的"颜色"为默认的白色。灯光的"大小"不变，与VR_光源001一样。

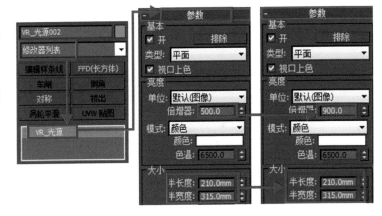

11 在VR_光源001和VR_光源002的灯光作用下进行整体渲染，得到现阶段的金属家具单体的空间渲染效果。

灯光3：Omni001

12 在 "创建"面板中，找到 "灯光"创建。在灯光类型中选 "标准"，选择"泛光灯"，在顶视图进行灯光创建。

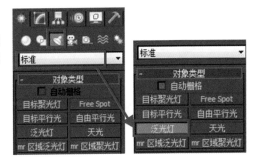

13 在创建灯光3Omni001的过程中，将泛光灯调整至适宜的位置。

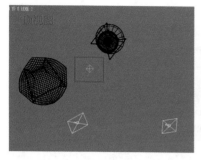 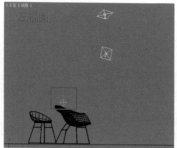 

14 进入Omni001的修改命令列表。在Omni001的"常规参数"选项中，勾选"启用阴影"。

15 灯光3：在Omni001的"强度/颜色/衰减"选项中，将"倍增"的参数修改为：–10.0。将衰退的"类型"修改为：倒数。

本案例中Omni001（泛光灯）的作用是降低VR_光源造成空间灯光过亮的效果，并对空间的光线做出简单的层次效果。

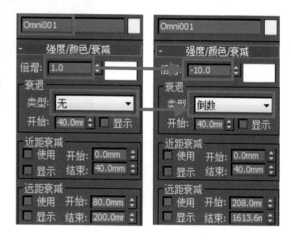

16 VR_光源001+VR_光源002的场景效果图。

17 VR_光源001+VR_光源002+Omni001的场景效果图。

灯光4：VR_光源003

18 在 ✹ "创建" 面板中，找到 ◀ "灯光" 创建。在灯光类型中选 ▭VR▭ VRay灯光，选择"VR_球体光源"，在顶视图进行创建。

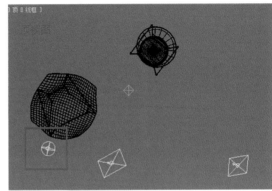

19 在顶视图创建灯光的过程中，灯光的面积大小可根据测试效果进行调整，通过"顶、前、左"视图对灯光4—VR_光源003的位置进行调整，使其能在金属休闲椅的中部进行补光。

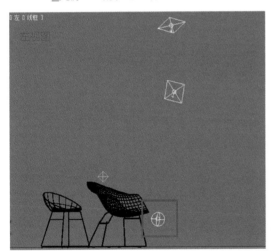

20 进入VR_光源003的修改命令列表。在"参数"中，修改灯光的"倍增器"为：5.0。灯光的"颜色"默认为白色。"灯光类型"变为"球体"后，灯光的"大小"中，就从"半长度""半宽度"选项变为"半径"选项，半径为：80.0。

21 灯光4：在VR_光源003的"选项"中，勾选"不可见"（指灯光形状不可见）。

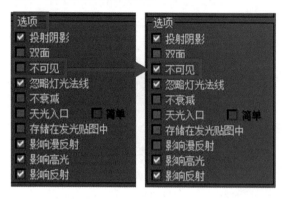

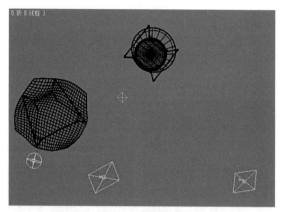

22 观察现阶段的几个灯光的布局，并进行测试渲染，查看其场景的测试渲染效果。

灯光5：VR_光源004

23 灯光5：在顶视图选择VR_光源002，进行拖移实例复制出VR_光源004，并移至两把休闲椅的左侧上方，做整体场景空间的补光效果处理。

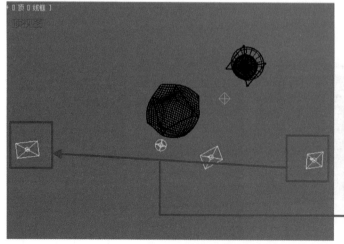

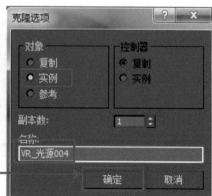

24 灯光5：VR_光源004的参数值与VR_光源002一致，不进行参数的修改。

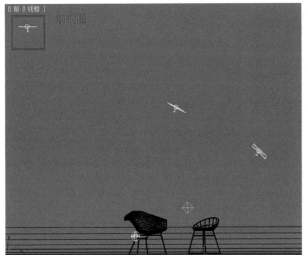
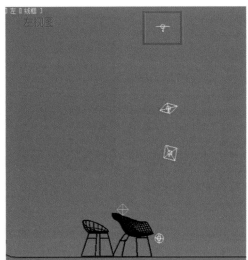

25 观察现阶段所有灯光的布局，并进行测试渲染，查看其场景中整体产品的渲染效果。确认没问题后，设置出图参数，进行金属家具单体的整体渲染，得到金属家具单体场景渲染最终效果。

3.1.2.2 系列金属家具场景设置

1 调出渲染设置（与本节的3.1.2.1中VRay测试参数相同）。

2 绘制家具渲染背景板（同本书单体材质案例）。

3 导入素材模型：在透视图调出"显示安全框开关"快捷键 **Shift+F**，将模型调整至合适的渲染角度。

4 透视图：使用快捷键 **Ctrl+C**，建立摄像机视图。

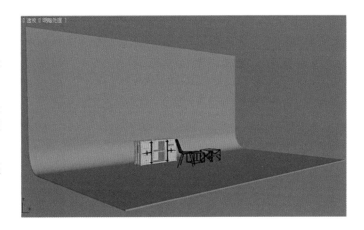

（1）背景及背景板材质参数设置

1 背景板材质：调出
材质编辑器快捷键 **M**，
将材质球"Standard"
改为VRayMtl材质球，
将漫反射颜色改为深灰
色，即R: 13，G: 13，
B: 13，勾选"菲涅耳
反射"。

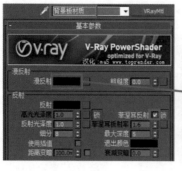
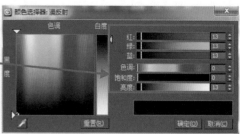

2 环境和效果：调出"环境和效果"快捷键 **F8**，"背景"颜色修改为白色。

完成背景及背景板材质的设置，并将材质加载至模型。进行测试参数渲染。

（2）灯光参数设置

灯光1：VR_光源001

1 在 **■** "创建"面板中，找到 **◀** "灯光"创建。
在灯光类型中选 [VRay] VRay灯光，选择
"VR_平面光源"，在顶视图中金属家具组合模型的
正上方进行创建。

2 在创建灯光的过程中，灯光的面积大小可根据测
试效果进行调整，调整至适宜的角度。

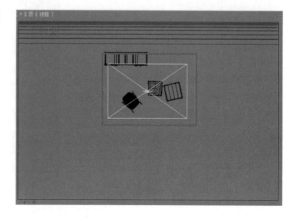

3 左视图/前视图：对VR_光源001进行位置的调整，确保其灯光照射在金属家具组合模型上方。

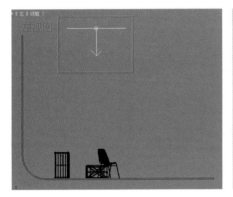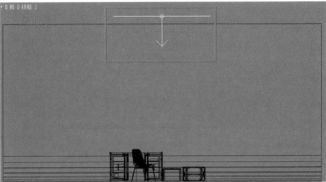

4 进入VR_光源001的修改命令列表。在"参数"中修改灯光的"倍增器"为：17.0，灯光的"颜色"修改为淡蓝色，即R：219，G：239，B：253。在灯光的"大小"中，将"半长度"修改为：1645.0，"半宽度"修改为：2435.0。

5 灯光1：在VR_光源001的"选项"中，勾选"不可见"（指灯光形状不可见），细分值修改为：32。

6 进行整体渲染，得到现阶段金属模型组合的空间渲染效果。效果图呈现的灯光层次效果比较差，可继续添加灯光进行空间整体补光。

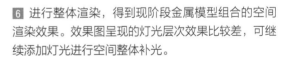

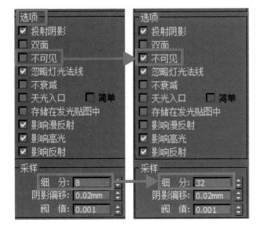

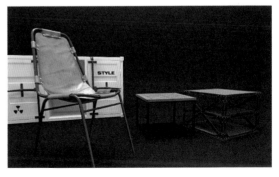

灯光2：VR_光源002

7 在  "创建" 面板中，找到 "灯光" 创建。在灯光类型中选 VRay 灯光，选择 "VR_光源"，在前视图进行创建。

8 在前视图创建灯光的过程中，灯光的面积大小可根据测试效果进行调整，并将灯光调整至适宜的角度及位置。

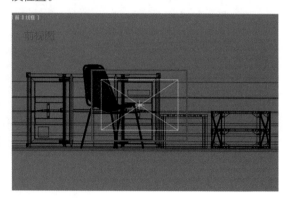

9 左视图/顶视图：对VR_光源002进行位移距离的调整，让其灯光照射在金属组合模型的正前方做补光效果。

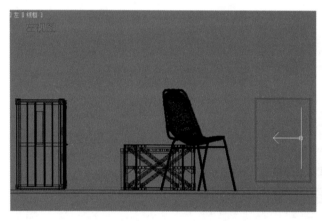

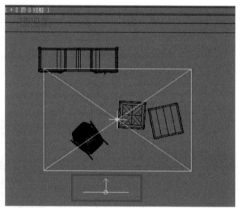

10 进入VR_光源002的修改命令列表。在 "参数" 中修改灯光的 "倍增器" 为：4.0，灯光的 "颜色" 修改为淡蓝色，即R：221，G：242，B：250。

在灯光的 "大小" 中，将 "半长度" 修改为：485.0，"半宽度" 修改为：750.0。在VR_光源002的 "选项" 中，勾选 "不可见"（指灯光形状不可见）。细分值修改为：32。

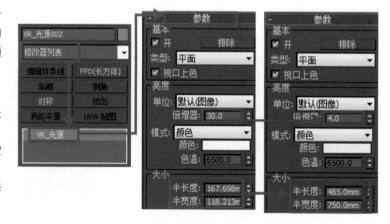

11 在VR_光源002的"参数"选项中，勾选"使用纹理"，并在"使用纹理"下方的效果选项框中添加"材质/贴图浏览器"中的"渐变坡度"效果，让VR_光源002呈现一个渐变的灯光感觉。

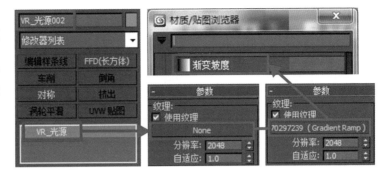

12 进行整体渲染，得到现阶段的金属模型组合的空间渲染效果。

灯光3：TPhotometricLight001（点光源）

13 在 **⊛** "创建"面板中，找到 ◀ "灯光"创建。在灯光类型中选 光度学 光度学，选择"目标灯光"，在左视图或前视图自上而下进行灯光创建。

14 左视图/前视图：在前视图或左视图创建灯光的过程中，灯光的照射高度可根据测试效果进行调整，并将灯光调整至适宜的位置。

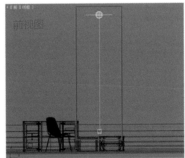

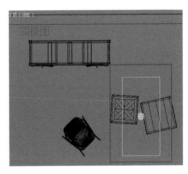

15 进入TPhotometricLight001的修改命令列表。在"常规参数"选项中勾选"启用"阴影，并将"灯光分布（类型）"选项修改为："光度学Web"。

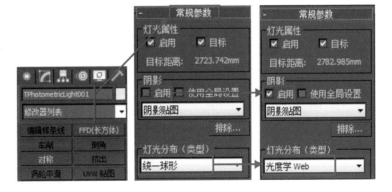

16 灯光3：将"灯光分布（类型）"选项修改为："光度学Web"后，在选项下方将会出现"分布（光度学Web）"的参数面板。

17 灯光3："<选择光度学文件>"，并添加一个光域网灯光素材，素材命名为：中间亮.ies。

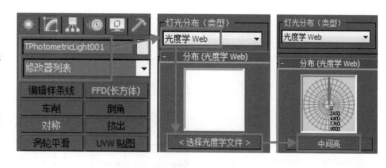

18 灯光3：修改"光域网-中间亮.ies"的"强度/颜色/衰减"，将灯光"强度"的类型修改为：cd，并将参数值修改为：6500.0。

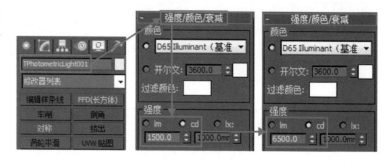

19 观察此时的灯光3：TPhotometricLight01（点光源），会发现灯光的光源点从原来的矩形形状变为一个细长的光束点，这正是因为添加了光域网灯光素材的缘故。

20 将现阶段已经打了三个灯光光源的金属家具组合进行整体渲染，得到现阶段的组合空间渲染效果。

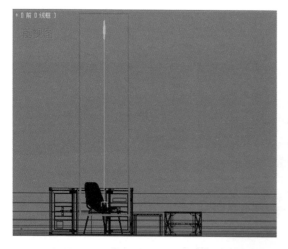

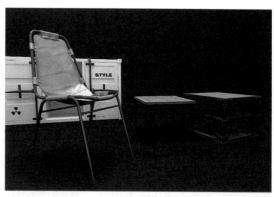

灯光4：TPhotometricLight002（点光源）

21 顶视图：选择TPhotometricLight001，进行拖移实例复制，将复制得到的TPhotometricLight002移至两张金属茶几的正上方，并进行空间的测试渲染。

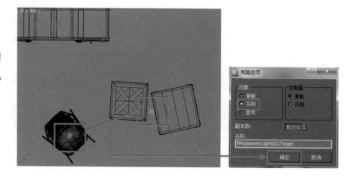

22 进行整体渲染，得到现阶段的金属模型组合的空间渲染效果。可在休闲椅及两张茶几的位置进行布局补光。

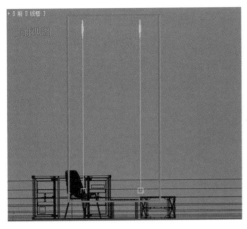
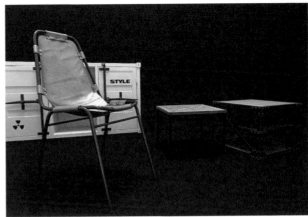

灯光5：VR_光源003

23 在 ⬛ "创建" 面板中，找到 ◀ "灯光" 创建。在灯光类型中选 VRay VRay灯光，选择 "VR_球体光源"，在顶视图进行创建。

在顶视图创建灯光的过程中，灯光的面积大小可根据测试效果进行调整，并将灯光调整至适宜的位置。

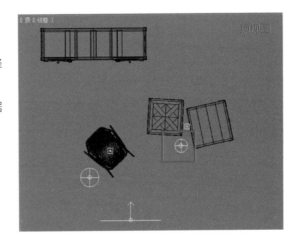

24 前视图/左视图：对VR_光源003球体进行位置的调整，让其球体灯光照射在休闲椅的左侧中部，对模型单体进行局部补光。

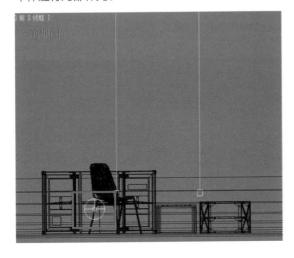
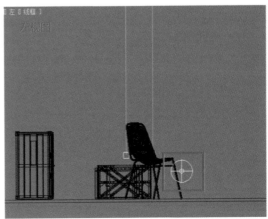

25 进入VR_光源003的修改命令列表。

26 灯光5：在顶视图创建VR_光源003时，将灯光的类型从默认的"平面"修改为"球体"。

在"参数"中，修改灯光的"倍增器"为：3.0，作补光用的"VR_球体光源"，其倍增值不宜过大，不然则会出现局部曝光的现象。

灯光的"颜色"默认为白色。"灯光类型"变为"球体"后，灯光的"大小"从"半长度""半宽度"选项变为"半径"选项，半径为：115.0。

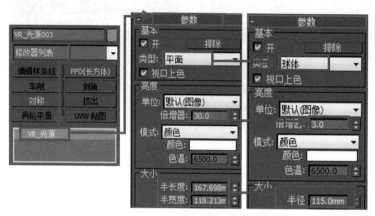

27 在VR_光源003的"选项"中，勾选"不可见"（指灯光形状不可见）。细分值修改为：32。

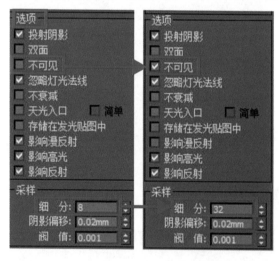

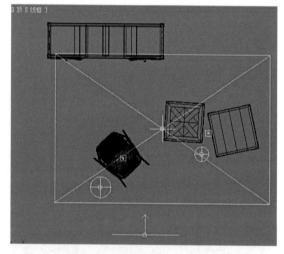

28 观察现阶段的几个灯光的布局，并进行测试渲染，查看其场景局部的渲染效果。得到图示效果。

灯光6：VR_光源004

29 在 ■ "创建"面板中，找到 ◢ "灯光"创建。在灯光类型中选 VRay 灯光，选择 "VR_球体光源"，在顶视图进行创建。

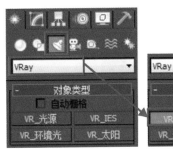

30 在顶视图创建灯光的过程中，灯光的面积大小可根据测试效果进行调整，并将灯光调整至适宜的位置。

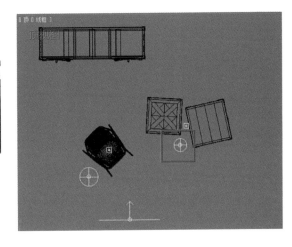

31 左视图/前视图：对VR_光源004进行位置及角度的调整，让其灯光照射在两张茶几的模型中部，对茶几进行补光。

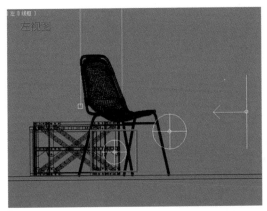
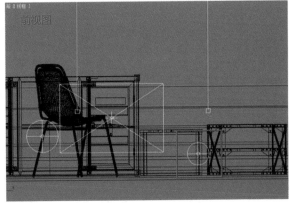

32 进入VR_光源004的修改命令列表。

33 顶视图：在创建VR_光源004时，将灯光的类型从默认的"平面"修改为"球体"。在"参数"中，修改灯光的"倍增器"为：3.0。

灯光的"颜色"默认为白色。"灯光类型"变为"球体"后，灯光的"大小"从"半长度""半宽度"选项变为"半径"选项，半径为：80.0。

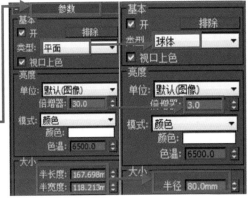

34 在VR_光源004的"选项"中，勾选"不可见"。细分值修改为：32。

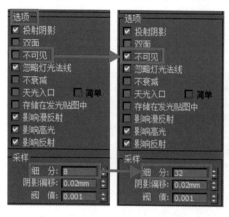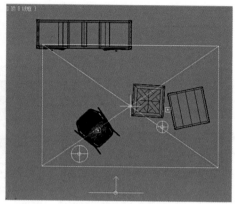

35 观察现阶段所有灯光的布局，并进行测试渲染，查看其场景的整体产品渲染效果。确认没问题后，设置出图参数，进行金属家具组合的整体渲染，得到系列金属家具场景渲染最终效果。

附赠：

竹藤家具单体及系列空间表现的材质源文件，可通过扫描素材二维码进行下载。

素材文件

3.2 家居风格与室内设计常用材质表现

3.2.1 欧式家居室内风格表现

欧式家居室内风格场景渲染表现

技术要点：

1 掌握欧式室内设计风格的特征。

2 欧式家居空间的灯光氛围及灯光选择。

3 场景角度的设置与渲染参
数的调整。

素材文件

难度系数 ✓✓✓✓✓

欧式家居室内风格表现

本章节中的欧式为现代欧式折衷风格中的一种。与传统欧式古典风格之间的区别在于现代的
欧式风格更多在空间中表现出现代人审美方式与生活的融合，在空间的硬装装修上，简化了豪
华、动感、多变的造型及视觉效果，改用简洁大方的石膏线条做点缀装饰；在软装饰的装修上，
保留了欧式古典的经典元素，如：精美的地毯、精致的水晶吊灯、绚丽的水晶器皿等。家具的搭
配则采用不同风格进行混搭组合，形成独特的欧式折中主义风格。

3.2.1.1 设置摄像机

1 打开本书3.2.1章节的欧式家居室内风格表现.max文件，并进入3D max界面。

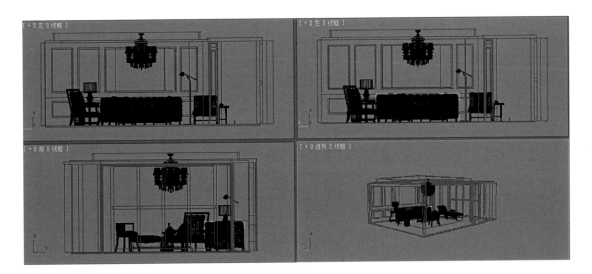

2 进入 ![icon]"创建"面板，点击 ![icon] 摄像机"目标"镜头进行创建。

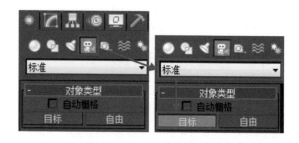

3 顶视图：在顶视图选择合适的角度进行摄像机的创建，并在左视图/前视图中调整好摄像机的高度、角度等位置参数（本章节中将以普通摄像机的视角进行效果图渲染案例的示范）。

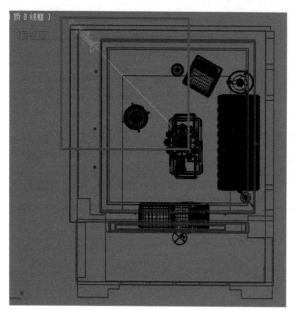

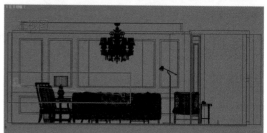

3.2.1.2 场景测试渲染设置

（1）调出测试渲染设置（与本章的3.1.1中VRay测试参数相同）。

（2）场景背景色设置

1 环境和效果：调出"环境和效果"快捷键 **F8**，"背景"颜色改为白色，勾选"使用贴图"。并在下方的"环境贴图"中添加"材质/贴图浏览器"中的"VR_天空"效果。

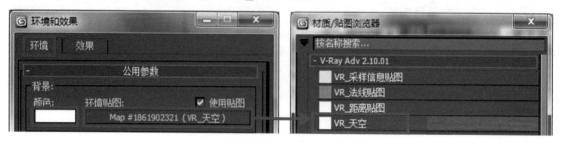

2 材质编辑器：调出材质编辑器快捷键 **M**，将"环境和效果"中的"环境贴图"进行拖移复制到材质球中，得到图示材质球效果。

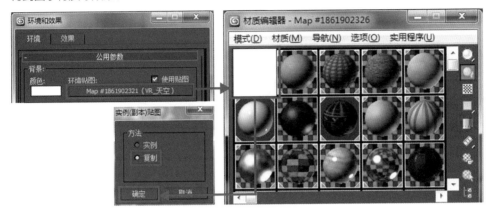

3 "VR_天空"材质球：进入"VR_天空"材质球的参数面板，修改其"VR_天空参数"。勾选"手设 太阳节点"，"天空模式"修改为："CIE晴天"，完成环境和效果的设置。

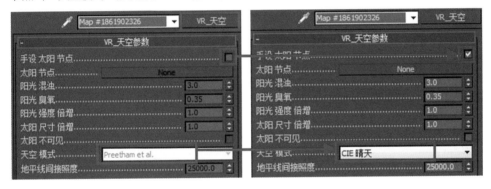

3.2.1.3 墙面材质

在"家居风格与室内设计常用材质表现"中，示范的案例都会先将场景中模型的材质设置完成后，再进行空间灯光的设置。

（1）墙体

材质编辑器：调出材质编辑器快捷键 **M**，将材质球"Standard"改为"VRayMtl"。VRayMtl材质球 — 漫反射：将材质球命名为：墙体。将"漫反射"的颜色改为白色，完成白墙材质的设置，墙面以白墙为主。

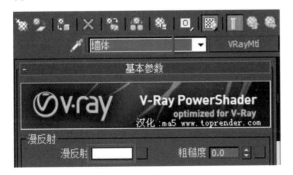

（2）墙纸

1 材质编辑器：调出材质编辑器快捷键 **M**，将材质球"Standard"改为"VRayMtl"，并命名为：墙纸。

VRayMtl材质球 — 漫反射：在漫反射的选项框中添加"材质/贴图浏览器"中的"颜色修正"效果。

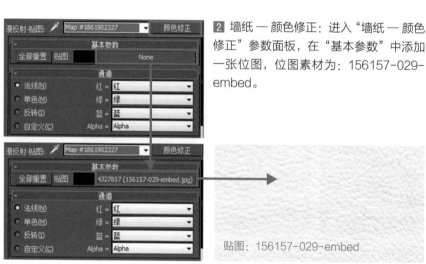

2 墙纸 — 颜色修正：进入"墙纸 — 颜色修正"参数面板，在"基本参数"中添加一张位图，位图素材为：156157-029-embed。

贴图：156157-029-embed

3 墙纸 — 颜色修正：在"颜色"参数中修改"色调切换"为：7.774，"饱和度"为：24.252。

4 墙纸 — 颜色修正：在"亮度"参数中修改"亮度"为：-23.588，"对比度"为：-1.661。

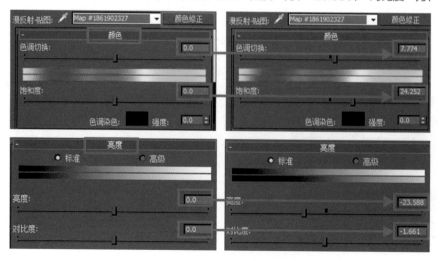

5 墙纸 — VRayMtl材质球 — 反射：在反射的选项框中添加"材质/贴图浏览器"中的"衰减"效果，并进入"衰减"的参数面板。

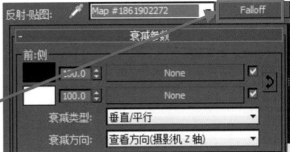

6 墙纸 — 反射 — 衰减：进入"衰减"的参数面板。修改"衰减参数"中"侧"衰减的颜色，即R：53，G：53，B：53，反射参数设置完成。

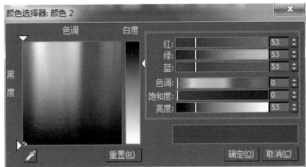

7 点击 ◙ 转到父对象，回到墙纸的VRayMtl参数面板。

下拉至"贴图"选项，将"漫反射"的贴图效果左键实例复制给"凹凸"的效果选项框。默认凹凸值为：30.0，墙纸材质设置完成。

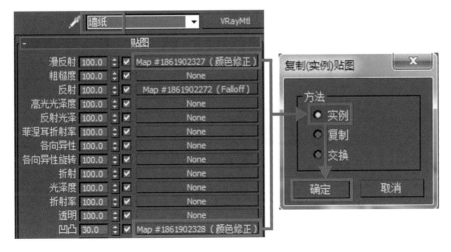

（3）墙纸装饰框

1 材质编辑器：调出材质编辑器快捷键 **M**，将材质球"Standard"改为"VRayMtl"，并命名为：墙纸装饰框。

VRayMtl材质球 — 反射：修改"反射"的颜色参数，即R: 240，G: 157，B: 97，反射光泽度修改为：0.88，墙纸装饰框参数设置完成。

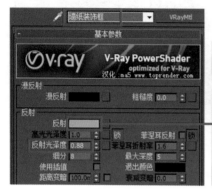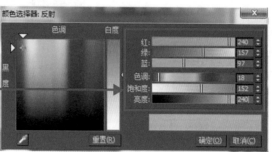

2 将设置好的墙体、墙纸、墙纸装饰框材质给予模型，并进行空间的测试渲染，得到图示效果。

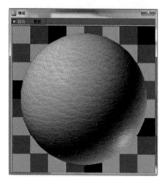

3.2.1.4　地面材质

（1）地板

1 材质编辑器：调出材质编辑器快捷键 **M**，将材质球"Standard"改为"VRayMtl"，并命名为：地板。

VRayMtl材质球 — 漫反射：在漫反射的选项框中添加"材质/贴图浏览器"中的"位图"效果，位图素材为：222。

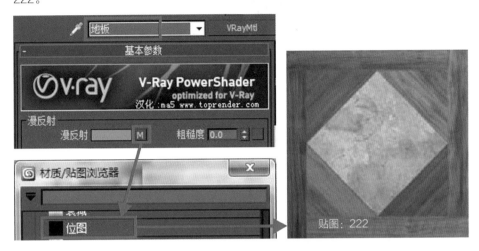

2 位图（Bitmap）222的参数面板：进入位图222的参数面板，将"坐标"中的"瓷砖"的参数改为U:15.0，V:15.0（根据模型的比例，对贴图的"坐标"参数进行修改）。

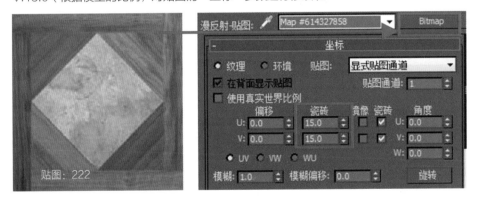

3 点击 转到父对象，回到地板的VRayMtl参数面板。点击地板的反射参数面板。

VRayMtl材质球 — 反射：修改"反射"的颜色参数，即R：62，G：62，B：62，勾选"菲涅耳反射"。地板参数设置完成。

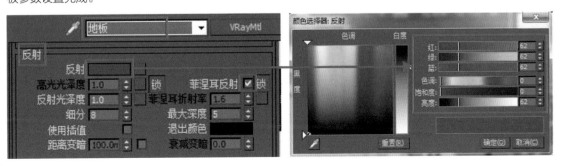

4 将地板贴图效果给予模型，并测试渲染出材质的大概效果。

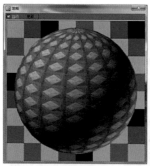

（2）地毯

1 材质编辑器：调出材质编辑器快捷键 M，将材质球"Standard"改为"VRayMtl"，并命名为：地毯。

VRayMtl材质球 — 漫反射：在漫反射的选项框中添加"材质/贴图浏览器"中的"位图"效果，位图素材为：CG01。

2 下拉至地毯的"贴图"选项，将"凹凸"的凹凸值修改为：5.0，并在右侧的贴图效果选项框中添加一张位图，位图素材为：黑白置换。

3 位图（Bitmap）"黑白置换"的参数面板：进入位图"黑白置换"的参数面板，将"坐标"中的"瓷砖"的参数改为U：5.0，V：5.0。地毯参数设置完成。

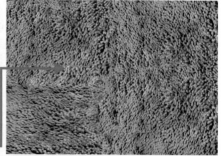

4 将地毯贴图效果给予模型，并测试渲染出材质的大概效果。

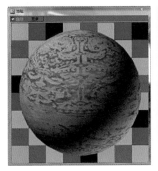 

3.2.1.5 软装材质（家具、灯具、装饰品、植物）

（1）家具

· 家具木纹

1 材质编辑器：调出材质编辑器 快捷键 M，将材质球"Standard"改为"VRayMtl"，并命名为：家具木纹。

VRayMtl材质球 — 漫反射：在漫反射的选项框中添加"材质/贴图浏览器"中的"位图"效果，位图素材为：家具木纹。

2 家具木纹 — VRayMtl材质球 — 反射：修改"反射"的颜色参数，即R：47，G：47，B：47。反射光泽度为：0.8。家具木纹参数设置完成。

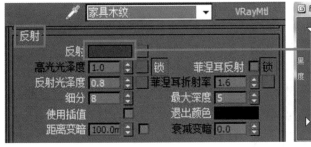 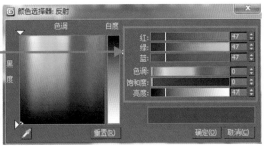

3 将家具木纹贴图效果给予
家具模型，并测试渲染出材质
的大概效果。

· 家具布艺

1 材质编辑器：调出材质编辑器快捷键 **M**，将材质球"Standard"改为"VRayMtl"，并命名为：家具布艺。

VRayMtl材质球 — 漫反射：在漫反射的选项框中添加"材质/贴图浏览器"中的"位图"效果，位图素材为：
比利时涤纶酒椰色面料。

贴图：比利时涤纶酒椰色面料

2 下拉至家具布艺的"贴图"
选项，将"凹凸"值修改为：
30.0，并在右侧的贴图效果
选项框中添加一张位图，位
图素材为：arch20_leather_
bump。

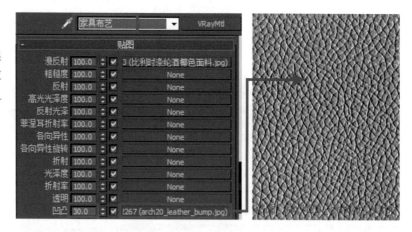

3 将家具布艺贴图效果给予
模型，并测试渲染出材质的大
概效果。

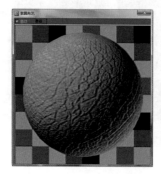

· 沙发皮革材质（同本书2.5.2 家具皮革材质的做法）

将沙发贴图效果给予模型，并测试渲染出材质的大概效果。用相同的材质制作方法将场景中其他软包材质进行制作与渲染。

· 茶几-大理石桌面

1 材质编辑器：调出材质编辑器快捷键 **M** ，将材质球"Standard"改为"VRayMtl"，并命名为：茶几-大理石桌面。

VRayMtl材质球 — 漫反射：在漫反射的选项框中添加"材质/贴图浏览器"中的"位图"效果，位图素材为：茶几。

贴图：茶几

2 茶几-大理石桌面 — VRayMtl材质球 — 反射：将反射的颜色修改为白色，高光光泽度修改为：0.81。并在反射的选项框中添加"材质/贴图浏览器"中的"衰减"效果，并进入"衰减"的参数面板。进入茶几-大理石桌面 —"衰减"的参数面板。

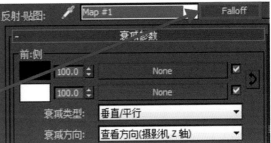

3 茶几-大理石桌面 — 反射 — 衰减：进入"衰减"的参数面板。修改"衰减参数"中"侧"衰减的颜色参数，即R：86，G：86，B：86，反射参数设置完成。

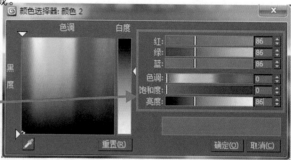

4 点击 ▓ 转到父对象，回到茶几-大理石桌面参数面板。将茶几-大理石桌面贴图效果给予模型，并测试渲染出材质的大概效果。

（2）灯具

· 落地灯

1 材质编辑器：调出材质编辑器快捷键 M，将材质球"Standard"改为"VRayMtl"，并命名为：落地灯。

落地灯 — VRayMtl材质球 — 漫反射：修改"漫反射"的颜色参数，即R：38，G：24，B：10。

落地灯 — VRayMtl材质球 — 反射：修改"反射"的颜色参数，即R：45，G：28，B：12。高光光泽度：0.6，反射光泽度：0.9。

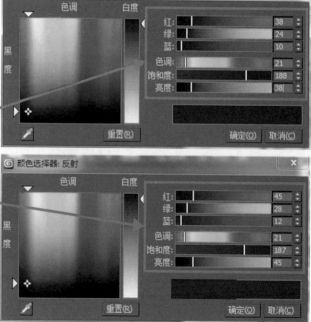

2 完成落地灯材质的设置，将落地灯贴图效果给予模型，并测试渲染出材质的大概效果。

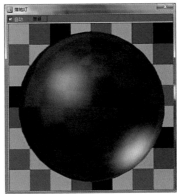

· 台灯-灯罩

1 材质编辑器：调出材质编辑器快捷键 M，将材质球"Standard"改为"VRayMtl"，并命名为：台灯-灯罩。

VRayMtl材质球 — 漫反射：在漫反射的选项框中添加"材质/贴图浏览器"中的"位图"效果，位图素材为：2alpaca-24asdc。

贴图：2alpaca-24asdc

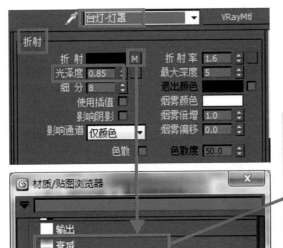

2 台灯-灯罩 — VRayMtl材质球 — 折射：在折射的右侧选项框中添加"材质/贴图浏览器"中的"衰减"效果，光泽度修改为：0.85，并进入台灯-灯罩—"衰减"的参数面板。

3 进入"衰减"的参数面板。修改"衰减参数"中"前"衰减的颜色参数，即R：100，G：100，B：100。"侧"衰减的颜色修改为黑色。折射参数设置完成。台灯-灯罩 — VRayMtl材质也设置完成，将贴图材质给予台灯灯罩模型。

· 台灯-灯座

4 材质编辑器：调出材质编辑器快捷键 **M**，将材质球"Standard"改为"VRayMtl"，并命名为：台灯-灯座。

VRayMtl材质球 — 漫反射：将漫反射的颜色修改为白色。

VRayMtl材质球 — 反射：在反射的右侧选项框中添加"材质/贴图浏览器"中的"衰减"效果，高光光泽度修改为：0.9。反射参数设置完成。台灯-灯罩、台灯-灯座的VRayMtl材质也设置完成，将贴图材质给予台灯模型。

5 将设置好的台灯的灯罩、灯座材质给予模型，并进行空间的测试渲染。

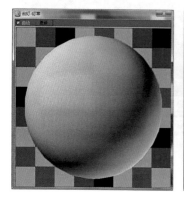

· 吊灯-灯架

1 吊灯-灯架 — VRayMtl材质球 — 漫反射：修改"漫反射""反射"的颜色参数，即R：137，G：126，B：97。高光光泽度：0.55，反射光泽度：0.75。吊灯-灯架 — VRayMtl材质也设置完成，并将贴图材质给予吊灯灯架模型。

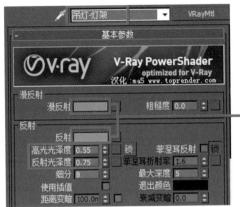

· 吊灯-灯罩

2 吊灯-灯罩 — VRayMtl材质球 — 漫反射：将"漫反射"的颜色修改为图示颜色参数，即R：255，G：219，B：162。在漫反射的选项框中添加"材质/贴图浏览器"中的"位图"效果，位图素材为：02。

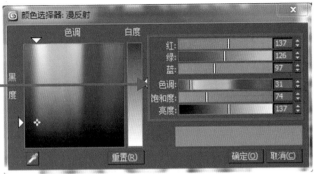

贴图：02

3 吊灯-灯罩-VRayMtl材质球-折射：修改"折射"的颜色参数，即R：30，G：30，B：30。吊灯-灯罩 — VRayMtl材质也设置完成，并将贴图材质给予吊灯灯罩模型。

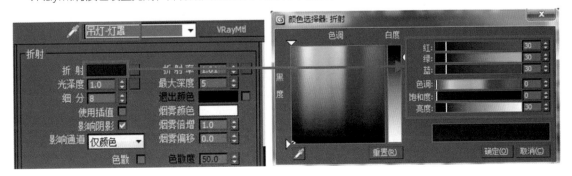

· 吊灯-水晶

4 吊灯-水晶 — VRayMtl — 漫反射、反射：将"漫反射""反射"的颜色修改为白色，勾选"菲涅耳反射"。

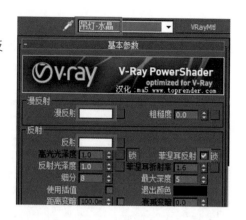

5 吊灯-水晶 — VRayMtl材质球 — 折射：修改"折射"的颜色参数，即R：238，G：238，B：238。将折射率修改为：2.2，烟雾倍增修改为：0.08。

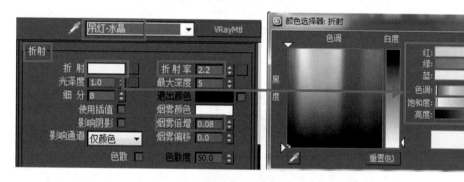

6 回到吊灯-水晶 — VRayMtl材质球的主参数面板，点击VRayMtl，并在吊灯-水晶 — VRayMtl材质球的基础上，添加"材质/贴图浏览器"中的"VR_材质包裹器"效果，并将旧材质保存为子材质。并进入吊灯-水晶 — VR_材质包裹器的参数面板。

7 吊灯-水晶 — VR_材质包裹器参数：进入吊灯-水晶 — VR_材质包裹器的参数面板，将"接收全局照明"的参数修改为：3.0。吊灯-水晶材质也设置完成，并将贴图材质给予吊灯水晶模型。

8 吊灯-灯架 — VRayMtl材质。

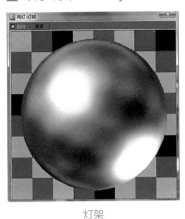

灯架

9 吊灯-灯罩 — VRayMtl材质。

灯罩

10 吊灯-水晶 — VRayMtl材质。

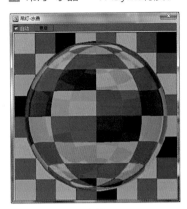

水晶

11 将吊灯的相关贴图效果给予吊灯模型，并测试渲染出其材质的效果。

（3）装饰品

· 书籍-书皮

1 书籍-书皮 — VRayMtl材质球 — 漫反射：在漫反射的右侧选项框中添加"材质/贴图浏览器"中的"位图"效果，位图素材为：0090090038。

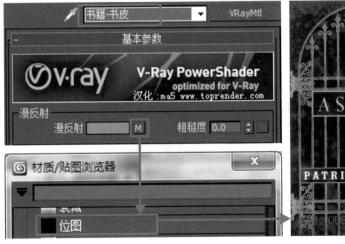

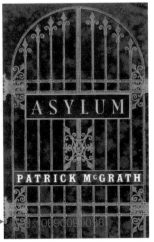

2 书籍-书皮 — VRayMtl材质球 — 反射：修改"反射"的颜色参数，即R：80，G：80，B：80。高光光泽度修改为：0.5，勾选"菲涅耳反射"。书籍-书皮 — VRayMtl材质球设置完成，并将贴图材质给予书籍书皮模型。

· 书籍-内页

3 书籍-内页 — VRayMtl — 漫反射：将"漫反射"的颜色修改为白色。书籍-内页 — VRayMtl材质球设置完成，并将贴图材质给予书籍内页模型。测试渲染出材质效果。

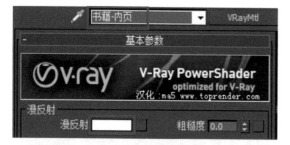

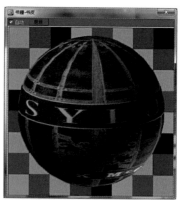

书皮

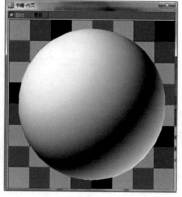

内页

· 盘子

1 盘子 — VRayMtl材质球 — 漫反射：修改"漫反射"的颜色参数，即R：255，G：238，B：186。

盘子 — VRayMtl材质球 — 反射：修改"反射"的颜色参数，即R：208，G：208，B：208。高光光泽度修改为：0.6。

2 盘子 — VRayMtl材质球设置完成，将贴图材质给予盘子模型，测试渲染出材质效果。

（4）植物花卉

1 花卉 — VRayMtl材质球 — 漫反射：在漫反射的右侧选项框中添加"材质/贴图浏览器"中的"渐变"效果，进入花卉 — Gradient（渐变）的参数面板。

2 花卉 — Gradient（渐变）参数面板：进入花卉 — Gradient（渐变）的参数面板，修改"渐变参数"。

3 花卉 — Gradient（渐变）— 颜色#1：颜色参数如图所示，即R：74，G：174，B：0。

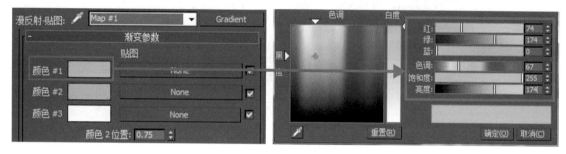

4 花卉 — Gradient（渐变）— 颜色#2：颜色参数如图所示，即R：70，G：157，B：0。

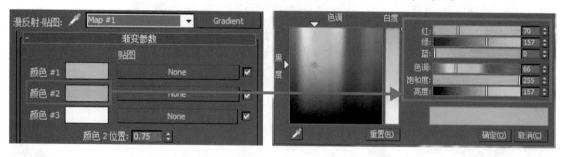

5 花卉 — Gradient（渐变）— 颜色#3：颜色参数如图所示，即R：246，G：248，B：223。

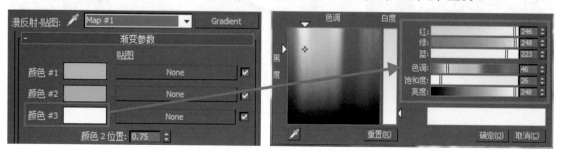

⑥ 点击 📄 转到父对象，回到墙纸的花卉 — VRayMtl材质球的参数面板。

花卉 — VRayMtl材质球 — 反射：修改"反射"的颜色参数，即R：10，G：10，B：10。高光光泽度修改为：0.6。

⑦ 花卉 — VRayMtl材质球设置完成，将贴图材质给予花卉模型，测试渲染出材质效果。

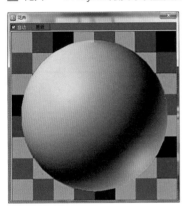 

3.2.1.6 灯光设置

完成了场景中所有模型材质的设置后，可对3D场景进行灯光的制作与渲染。本案例中灯光的设置将由空间的外到内、自上而下进行制作。灯光光源的类型分别为：自然光、天花暗藏灯带、筒灯（射灯）、吊灯、落地灯、台灯等。

（1）自然光

·天光1：Direct001（目标平行光）

① 在 ☀ "创建"面板中，找到 🔦 "灯光"创建。在灯光类型中选 标准 中的"目标平行光"，选择"目标平行光"，在左视图或前视图进行自上而下创建。

2 在创建灯光的过程中，灯光的照射高度、覆盖范围、位置可根据测试效果进行调整。

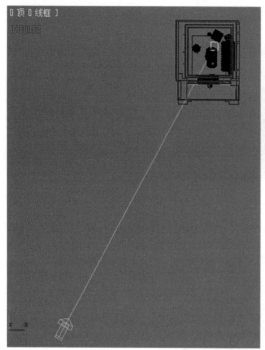

3 进入Direct001（目标平行光）的 修改器列表 ▼，
并对Direct001的参数进行修改。

4 Direct001 — 常规参数：目标距离为：28812.793
（平行光的距离可根据想要的空间光线的需求进行调整），并勾选"启用阴影"，并将阴影类型修改为：阴影贴图。

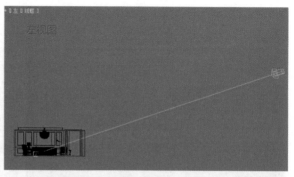

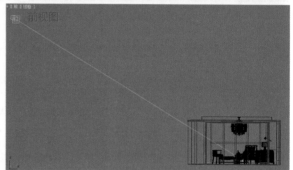

5 Direct001 — 平行光参数：将"聚光区/光速"
"聚光区/区域"分别修改为：3500.0和3502.0。

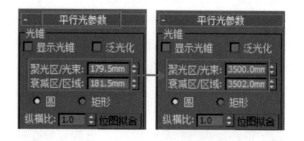

6 Direct001 — 强度/颜色/衰减：将Direct001灯光 "倍增" 修改为：2.0，Direct001灯光的颜色默认为 白色。

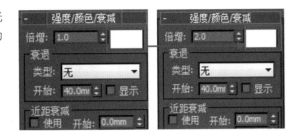

7 对空间进行测试渲染，由于Direct001（目标平行 光）的影响，空间的光线感觉柔和，场景略微昏暗， 需继续添加其他光源进行补光。

· 天光2：VR_平面光源001

8 在 **※** "创建" 面板中，找到 **◀** "灯光" 创建。 在灯光类型中选 VRay VRay灯光，选择 "VR_光源"，在前视图进行创建。

9 在创建灯光的过程中，灯光的面积大小可根据测试效果进行调整。通过对 "顶、前、左" 视图对VR_平 面光源001进行微调，让其灯光设置在场景窗户的位置，模拟光线进入场景空间的效果。

⑩ 进入VR_平面光源001的修改命令列表。在"参数"中修改灯光的"倍增器"为：8.0，灯光的"颜色"为淡蓝色，即R：181，G：223，B：255。灯光面积的大小修改为"半长度：1400.0""半宽度：1105.0"。

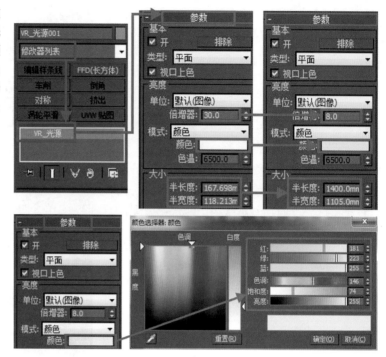

⑪ VR_平面光源001参数面板：在VR_平面光源001的"选项"中，勾选"不可见"（指灯光形状不可见）。在"采样"中，修改"细分"为：30。

⑫ 在Direct001、VR_平面光源001的灯光作用下，对空间进行测试渲染。

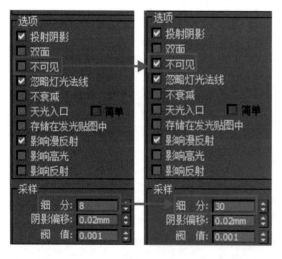

（2）室内灯光

· 天花暗藏灯带：暗藏灯带01~04

❶ 在 ▓ "创建"面板中，找到 ◀ "灯光"创建。在灯光类型中选 VRay 灯光，选择"VR_光源"，在顶视图的场景天花模型位置进行VR_光源创建。

2 创建灯光的过程中，灯光的面积大小要根据天花模型的大小来调整灯光的面积，并对其VR_光源 — 暗藏灯带01进行参数调整。设置暗藏灯带01后，将其光源进行拖移实例复制，并移至天花模型其余3个不同的位置，形成环状暗藏灯带。

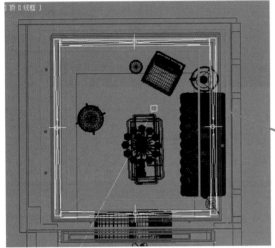
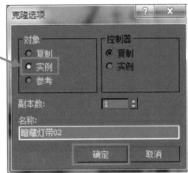

3 调整暗藏灯带01~04与天花板的距离，对暗藏灯带的灯光参数进行调整。暗藏灯带的灯光均为实例复制，因此，改变其中一个暗藏灯带光源的参数，则其余3个灯光的参数会一并改变。

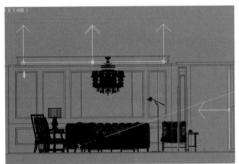
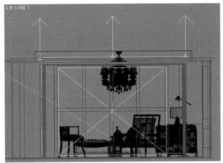

4 进入暗藏灯带01的修改命令列表。在"参数"中修改灯光的"倍增器"为：300.0，灯光的"颜色"为淡黄色，即R：255，G：219，B：173。灯光面积的大小修改为"半长度"：1805.0，"半宽度"：75.0。

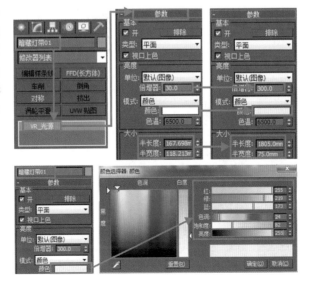

5 完成了暗藏灯带的制作，对空间进行测试渲染，可以看到场景空间中天花的暗藏灯带有了光源的模拟效果，暗藏灯带的灯光颜色也可根据画面需求进行调整。

· 筒灯（射灯）：PhotometricLight001（自由灯光）

6 在 ▦ "创建"面板中，找到 ◁ "灯光"创建。在灯光类型中选 光度学 ▾ 光度学，选择"自由灯光"，在前视图靠近吊顶天花的筒灯下方位置进行"自由灯光"创建。

7 进入PhotometricLight001的修改命令列表。在"常规参数"选项中勾选"启用阴影"，阴影类型修改为：VR_阴影贴图。将"灯光分布（类型）"修改为：光度学Web。

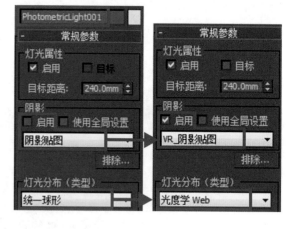

8 将"灯光分布（类型）"修改为："光度学Web"后，在选项下方将会出现"分布（光度学Web）"的参数面板。
点击"<选择光度学文件>"，并添加一个光域网灯光素材，素材命名为：北玄射灯好用.ies。

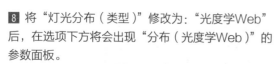

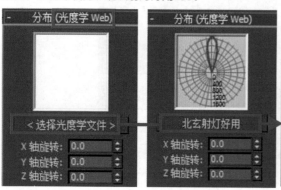

北玄射灯好用.IES

9 在"北玄射灯好用.ies"的"强度/颜色/衰减"参数面板中,默认光域网文件"北玄射灯好用.ies"的"强度"为:1597.9cd。将"过滤颜色"修改为淡黄色,即R:252,G:226,B:147。

在"暗淡"勾选"结果强度",并将百分比修改为:500.0,使得"北玄射灯好用.ies"筒灯的"强度"为:7989.5cd。

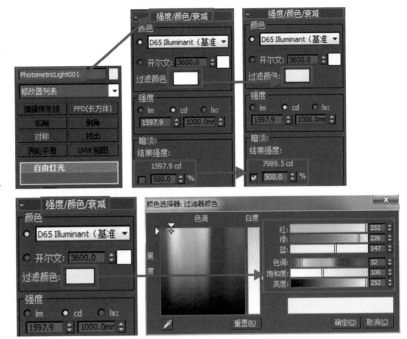

10 顶视图:选择PhotometricLight001,进行拖移实例复制,将复制的PhotometricLight002移至其他筒灯的位置。在这个实例复制过程中,可以将PhotometricLight灯光实例复制到其他筒灯的位置,进行空间照明。

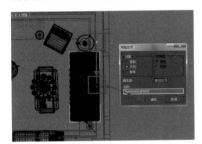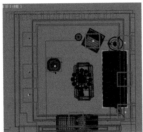

11 对空间进行测试渲染,可以看到场景空间中,吊顶天花下筒灯发出了射灯的光晕效果,空间整体亮度提高,射灯灯光的强弱可根据画面需求进行降低或提高。

· 吊灯：VR_球体光源

12 在 ■ "创建"面板中，找到 ◀ "灯光"创建。
在灯光类型中选 VRay VRay灯光，选
择 "VR_球体光源"，在顶视图进行创建。

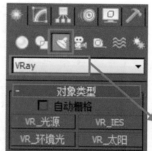

13 在顶视图创建灯光的过程
中，灯光的面积大小可根据测
试效果进行调整，将灯光移至
吊灯模型的灯罩位置，并进行
拖移实例复制，完成所有灯罩
的光源设置。

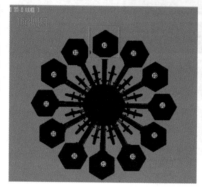

14 进入VR_球体光源 — 吊灯光源01的修改命令列表。

15 VR_球体光源 — 吊灯光源01：在顶视图创建VR_球体光源时，将灯光的类型从默认的"平面"修改为"球体"。

在 "参数"中，修改灯光的
"倍增器"为：200.0，灯光
的 "颜色"修改为淡黄色，
即R：255，G：237，B：
181。 "灯光类型"变为"球
体"后，灯光的"大小"从
"半长度""半宽度"选项变
为 "半径"选项，半径为：
16.5。

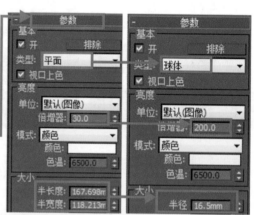

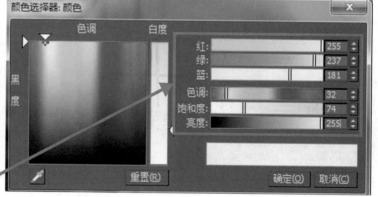

16 VR_球体光源 — 吊灯光源01：在VR_球体光源 — 吊灯光源01的"选项"中，勾选"不可见"（指灯光形状不可见）。在"采样"中，修改细分为：30。

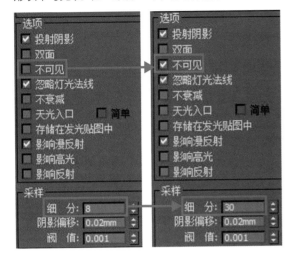

· 台灯：VR_球体光源

17 在 "创建"面板中，找到 "灯光"创建。在灯光类型中选 VRay VRay灯光，选择"VR_球体光源"，在顶视图进行创建。

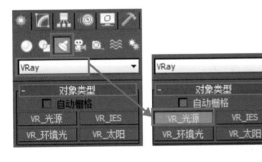
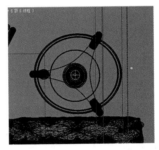

18 进入VR_球体光源 — 台灯光源01的修改命令列表。

19 VR_球体光源 — 台灯光源01：在顶视图创建VR_球体光源时，将灯光的类型从默认的"平面"修改为"球体"。

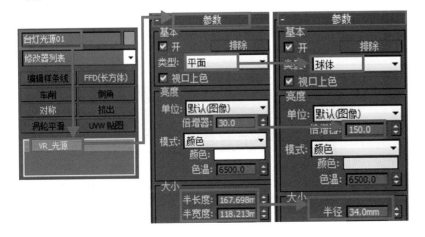

20 VR_球体光源 — 台灯光源01：在"参数"中，修改灯光的"倍增器"为：150.0，灯光的"颜色"修改为黄色，即R：255，G：208，B：126。"灯光类型"变为"球体"后，灯光的"大小"从"半长度""半宽度"选项变为"半径"选项，半径为：34.0。

21 VR_球体光源 — 台灯光源01：在VR_球体光源 — 台灯光源01的"选项"中，勾选"不可见"。在"采样"中，修改"细分"为：30。

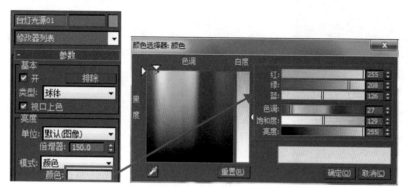

22 对台灯所在的局部空间进行测试渲染，可以看到台灯的灯罩透出淡黄色的暖光，台灯灯光的强弱可根据画面需求进行降低或提高。

用同样的方法给落地灯模型添加灯光光源。落地灯的灯罩为不透明材质灯罩，因此，VR_球体光源的"倍增器"值应达到300.0，通过增加灯光的强度来反衬落地灯模型。

3.2.1.7 场景渲染参数设置

　　设置欧式家居室内风格表现空间场景的渲染参数，能够获得品质高、效果清晰的图像，但也会消耗大量时间。一般的空间效果图渲染参数设置如下。

1 调出"渲染设置：V-Ray Adv 2.10.01"快捷键 **F10**。

公用：在"公用"选项中，在公用参数面板，输出大小值，在有固定的"图像纵横比"的比例约束下，选择图像"输出大小"中，"宽度"不少于3000毫米的输出参数值。输出的像素越高，则出图图像的像素成像的效果越细腻。

2 VR_基项：在"VR_基项"选项中，进入"V-Ray:帧缓存"参数面板，勾选"V-Ray:帧缓存"选项。

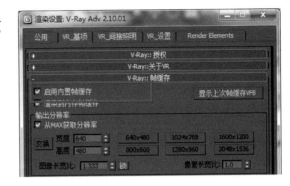

3 VR_基项：在选项"V-Ray:图像采样器（抗锯齿）"选项中，将"图像采样器"中类型修改为：自适应细分，勾选"开启-抗锯齿过滤器"，选择抗锯齿过滤器类型为："Mitchell-Netravali"。

4 VR_间接照明：在"V-Ray:间接照明（全局照明）"中，勾选"开启"，并在"二次反弹"—"全局光引擎"中选择：灯光缓存。

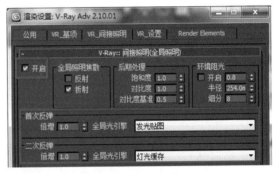

5 VR_间接照明：在"VRay:发光贴图"选项中，将"当前预置"调为"高"，勾选"显示计算过程"复选框。

6 VR_间接照明：在"V-Ray:灯光缓存"选项中，设细分：2000，并勾选"保存直接光"和"显示计算状态"复选框。完成欧式家居室内风格表现空间场景的出图渲染参数设置，并点击渲染 ，进行效果图渲染。

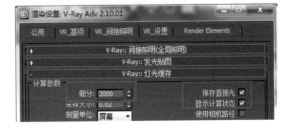

3.2.2 地中海家居室内风格表现

技术要点：

1 掌握地中海室内设计风格的特征。

2 地中海家居空间的灯光氛围及灯光选择。

3 场景角度的设置与渲染参数的调整。

难度系数 ✓ ✓ ✓ ✓ ✓

素材文件

地中海家居室内风格场景渲染表现

　　地中海风格室内构件最大的特点就是拱形，更确切地说是地中海沿岸阿拉伯文化圈里的典型建筑样式。地中海风会大量运用石头、木材以及充满肌理感的墙壁，形成的效果是强烈的"材质感"。灰泥涂抹墙面带来的肌理感和自然风格，抛弃"亮蓝+纯白"的色调风格，使用更温柔与质朴的大地色系来表现地中海的海洋气质。本章节中的地中海风格，既融合了传统地中海风格的元素，也结合了现代中国设计的地中海印象元素，将两者结合应用在本案例设计中。在本章节中有与本书第二章同类型的模型材质，将不会在新的案例中重复讲解，读者可通过调取模型素材 — 材质编辑器的吸色器进行材质的调用与学习。

3.2.2.1 设置摄像机

1 打开地中海家居室内风格表现.max文件，进入3D max界面。

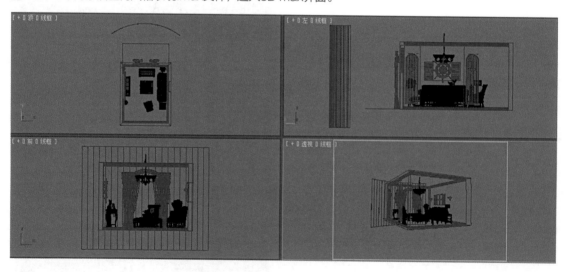

2 进入 "创建" 面板，点击 摄像机，选择 VRay摄像机中 "VR_物理像机" 镜头在顶视图进行创建。

3 左视图：在顶视图选择合适的角度进行VR_摄像机的创建，并在左视图、前视图中调整好摄像机的高度、角度等位置参数（本章节中将以VR_摄像机的视角进行效果图渲染案例的示范，在未完成灯光设置前，暂时不修改VR_摄像机的相关参数）。

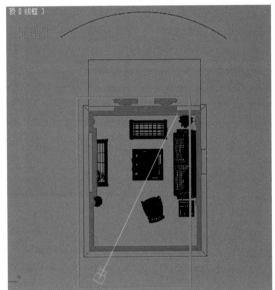

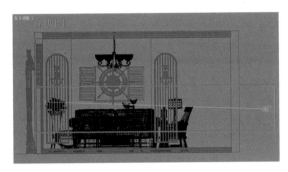

3.2.2.2 场景测试渲染设置

同3.1章节的测试渲染设置（详情请看本书章节3.1.1）。

（1）场景背景色设置

环境和效果：调出 "环境和效果" 快捷键 **F8**，"背景" 颜色改为白色。

（2）背景环境贴图

1 材质编辑器：调出材质编辑器 快捷键 **M**，将材质球 "Standard" 改为 "VR_发光材质"，并命名为：背景环境。（场景空间外的环境效果）并进入背景环境—VR_发光材质界面。

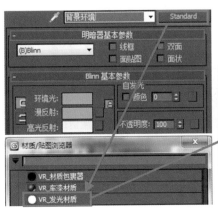

2 背景环境-VR_发光材质：在"参数"中，将"颜色"修改为黑色（场景模拟傍晚黄昏的光线效果，因此环境背景的自发光颜色修改为黑色，配合灯光场景），倍增值为：1.2。并在"颜色"的右侧贴图选项框中添加一张位图，位图素材为：窗外（1）。

3.2.2.3　墙面材质

在家居风格与室内设计常用材质表现中，示范的案例都会先将场景中模型的材质设置完成后，再进行空间灯光的设置。其中，场景重复的材质设置，在本章中将不会再重复讲解。

1 材质编辑器：调出材质编辑器快捷键 **M**，将材质球"Standard"改为"VRayMtl"，并命名为：墙体。VRayMtl材质球 — 漫反射：将"漫反射"的颜色改为乳白色，即R：250，G：247，B：243。

2 下拉至墙体的"贴图"选项，将"凹凸"值修改为：150.0，在"凹凸"的右侧贴图选项框中添加一张位图，位图素材为：白墙贴图。进入墙体 — 凹凸 — Bitmap（位图）的参数面板。

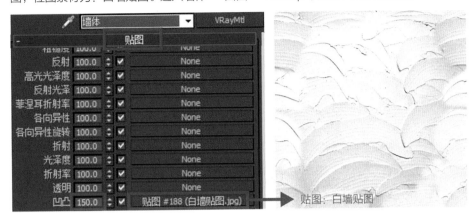

3 墙体 — 凹凸 — Bitmap（位图）参数面板：在"坐标"中，将"瓷砖"的U、V值修改为U：3.0，V：3.0。完成墙体材质的设置，并将材质加载给场景模型。

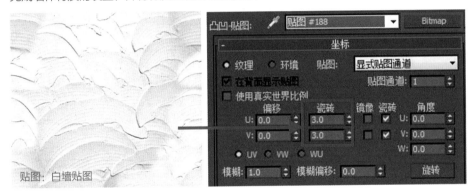

4 将设置好的背景环境、墙体材质给予相应模型，并进行空间的测试渲染。

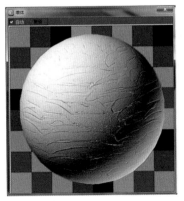

墙体材质

3.2.2.4 地面材质

1 材质编辑器：调出材质编辑器快捷键 **M**，将材质球 "Standard" 改为 "VRayMtl"，并命名为：地面。

VRayMtl材质球 — 漫反射：在漫反射的选项框中添加 "材质/贴图浏览器" 中的 "平铺" 效果，并进入地面 — 漫反射 — Tiles（平铺）的参数面板。

2 地面 — 漫反射 — Tiles参数面板：将 "坐标" 中 "模糊" 值修改为：0.5。

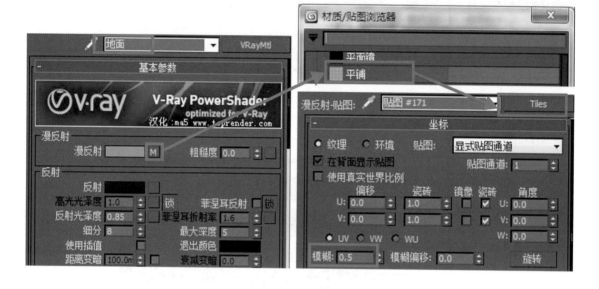

3 地面 — 漫反射 — Tiles参数面板：在 "平铺" 面板中，对 "高级控制" 的参数进行修改。

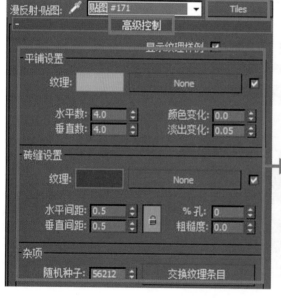
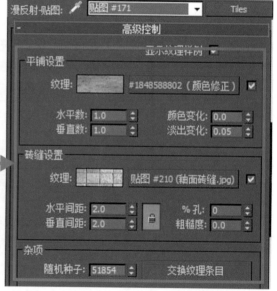

4 地面 — 漫反射 — Tiles参数面板：在"高级控制"的"平铺设置"中，给"纹理"右侧效果选项框中添加"材质/贴图浏览器"中的"颜色修正"效果，将"水平数""垂直数"修改为：1.0。并进入Tiles平铺设置 — 颜色修正的参数面板。

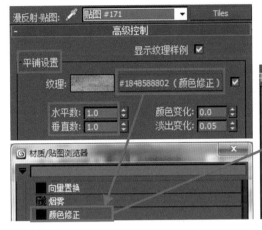

5 Tiles平铺设置 — 颜色修正参数面板：在"基本参数"中，给贴图的右侧选项框中添加一张位图，位图素材为：釉面砖。

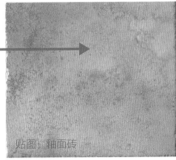

贴图：釉面砖

6 Tiles平铺设置 — 颜色修正参数面板：下拉至"颜色""亮度"参数，将"颜色"中的"饱和度"修改为：15.615。将"亮度"中的"亮度"修改为：-8.0。

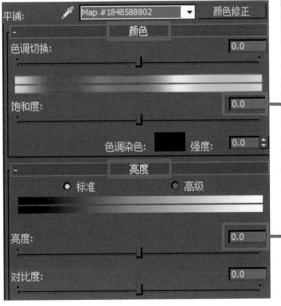
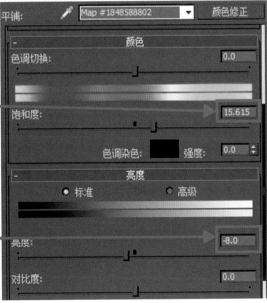

7 点击 🔄 转到父对象，回到地面的漫反射 — Tiles参数面板。在"高级控制"的"砖缝设置"中，将"水平间距""垂直间距"修改为：2.0。并给"纹理"右侧效果选项框中添加"材质/贴图浏览器"中的"位图"效果，位图素材为：釉面砖缝，并进入Tiles砖缝设置 — 纹理 — Bitmap的参数面板。

8 Tiles砖缝设置 — 纹理 — Bitmap的参数面板：在"坐标"中，将"瓷砖"的U、V值修改为：8.0。并将"模糊"值修改为：0.5。

完成地面 — 漫反射材质的设置，点击 🔄 转到父对象，回到地面的VRayMtl参数面板。

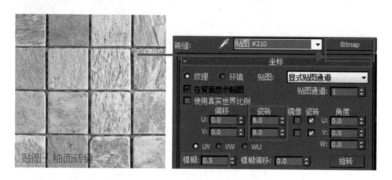

贴图：釉面砖缝

9 地面 — VRayMtl材质球 — 反射：将"反射"的颜色修改为深灰色，即R：20，G：20，B：20。并将反射光泽度修改为：0.85。完成地面 — 反射材质的设置。

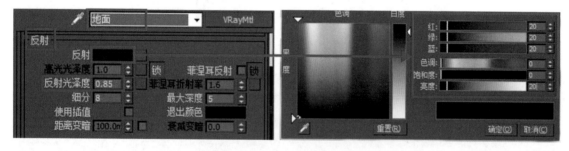

10 下拉至地面的"贴图"选项，将"漫反射"的右侧"贴图"效果进行拖移复制至"凹凸"选项，并将"凹凸"值修改为：-40.0。

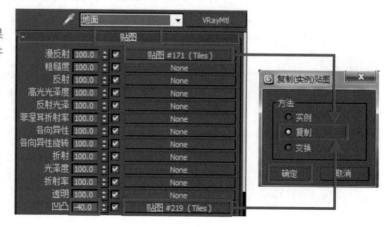

⑪ 将地面材质效果给予模型（如出现贴图没呈现瓷砖平铺的状态，可给模型在"修改器列表"中添加"UVW贴图"，显示其瓷砖平铺效果），并测试渲染出材质的大概效果。

3.2.2.5 软装材质（家具、灯具、装饰品）

（1）家具

· 家具木饰面

1 材质编辑器：调出材质编辑器快捷键 **M**，将材质球"Standard"改为"VRayMtl"，并命名为：家具木饰面。

VRayMtl材质球 — 漫反射：在漫反射的右侧贴图选项框中添加"材质/贴图浏览器"中的"颜色修正"效果。进入家具木饰面 — 漫反射 — 颜色修正的参数面板。

2 家具木饰面 — 漫反射 — 颜色修正参数面板：在"基本参数"中，给贴图的右侧选项框中添加一张位图，位图素材为：家具木饰面。

3 家具木饰面 — 漫反射 — 颜色修正参数面板：在"颜色""亮度"参数，将"颜色"中的"饱和度"修改为：-2.326。将"亮度"中的"亮度"修改为：-6.0。

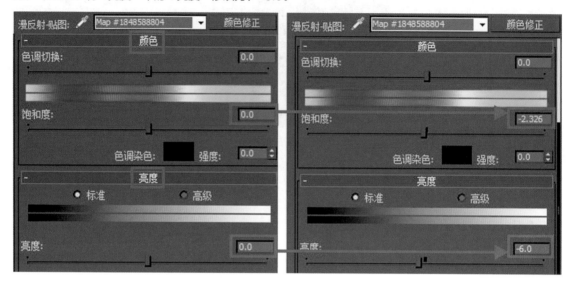

4 点击 [⬛] 转到父对象，回到家具木饰面的VRayMtl参数面板。VRayMtl材质球 — 反射：将"反射"的颜色修改为深蓝色，即R：13，G：21，B：30。并在反射的右侧贴图选项框中添加"材质/贴图浏览器"中的"衰减"效果。高光光泽度为：0.6，反射光泽度为：0.85。进入家具木饰面 — 反射 — 衰减的参数面板。

5 家具木饰面 — 反射 — 衰减参数面板：在"衰减参数"中，将"衰减参数"的"侧"衰减的颜色从默认的白色修改为图示颜色，即R：51，G：87，B：130。完成家具木饰面 — 反射的设置。

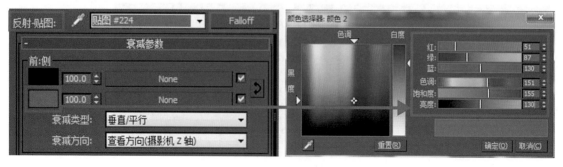

6 点击 🔧 转到父对象，回到家具木饰面的VRayMtl参数面板。

VRayMtl材质球 — 反射：在"反射光泽度"的右侧效果选项框中添加一张位图，位图素材为：家具木饰面2。

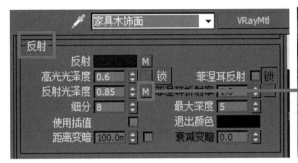

7 下拉至家具木饰面的"贴图"选项，将"反射光泽"的右侧"贴图"效果进行实例复制至"凹凸"选项，并将"凹凸"值修改为：20.0。完成家具木饰面材质的设置。

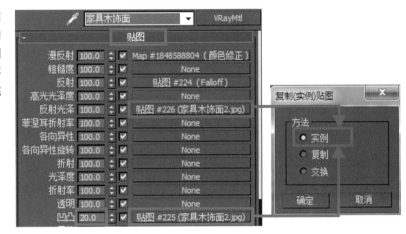

· 家具木饰面2

8 材质编辑器：调出材质编辑器快捷键 M，将材质球"Standard"改为"VRayMtl"，并命名为：家具木饰面2。

VRayMtl材质球 — 漫反射：将"漫反射"的颜色修改为白色。

VRayMtl材质球 — 反射：将"反射"的颜色修改为深灰色，即R：7，G：7，B：7。高光光泽度为：0.88，反射光泽度为：0.9。完成家具木饰面2 — 漫反射、反射的参数设置。

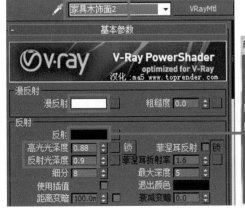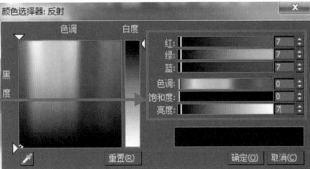

9 下拉至家具木饰面2的"贴图"选项，将"凹凸"值修改为：100.0，并在"凹凸"的右侧效果选项框中添加一张位图，位图素材为：家具木饰面3。完成家具木饰面2材质的设置。

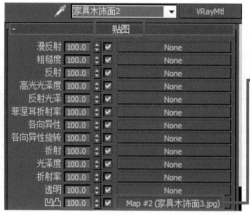

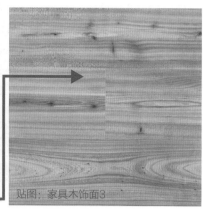

贴图：家具木饰面3

10 将家具木饰面、家具木饰面2的材质效果给予相应模型，并测试渲染出材质的大概效果。

家具木饰面

家具木饰面2

· 沙发布艺

11 材质编辑器：调出材质编辑器快捷键 **M**，将材质球"Standard"改为"VRayMtl"，并命名为：沙发布艺。

VRayMtl材质球 — 漫反射：在漫反射的选项框中添加"材质/贴图浏览器"中的"衰减"效果，并进入沙发布艺 — 漫反射 — Falloff（衰减）的参数面板。

12 沙发布艺 — 漫反射 — Falloff参数面板：在"衰减参数"中，将"侧"衰减的颜色修改为深灰色，即R：27，G：27，B：27。将"衰减类型"修改为：Fresnel。

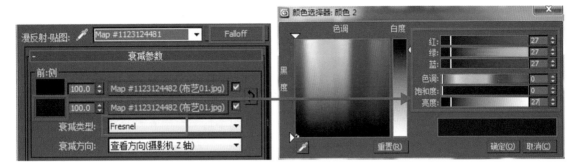

13 沙发布艺 — 漫反射 —Falloff参数面板：在"衰减参数"中，将"前""侧"衰减的右侧效果选项框中各添加"材质/贴图浏览器"中的"位图"效果，位图素材为：布艺01。

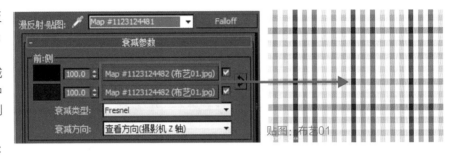

贴图：布艺01

14 进入"前""侧"衰减—布艺01—Bitmap（贴图）参数面板：在"坐标"中，将"模糊"值修改为：0.1。完成沙发布艺 — 漫反射 — Falloff的设置，点击 📧 转到父对象，回到沙发布艺的VRayMtl参数面板。

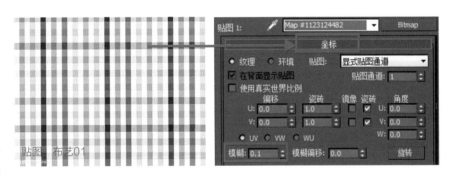

贴图：布艺01

15 下拉至沙发布艺的"贴图"选项，将"凹凸"值修改为：60.0，并在"凹凸"的右侧效果选项框中添加一张位图，位图素材为：布艺02。

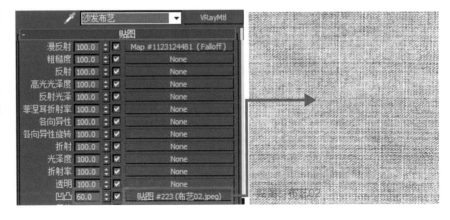

贴图：布艺02

16 进入凹凸 — 布艺 02 — Bitmap（贴图）参数面板：在贴图布艺02的"坐标"中，将"瓷砖"的U、V值修改为：1.2。完成沙发布艺材质的设置。

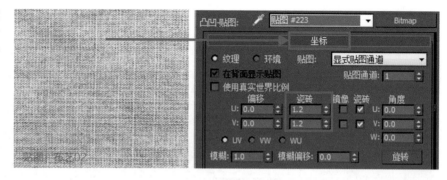

17 用同样的材质设置方法制作出沙发布艺2及场景中相关的布艺材质，并加载给场景中相关的模型，渲染出效果。

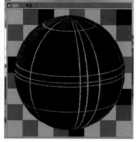

沙发布艺　　　　　　沙发布艺2

（2）灯具

· 吊灯-灯罩

1 材质编辑器：调出材质编辑器快捷键 M，将材质球"Standard"改为"VRayMtl"，并命名为：灯罩 — 蓝色漆。

灯罩 — 蓝色漆 — VRayMtl材质球 — 漫反射：将"漫反射"的颜色修改为图示颜色，即R：75，G：111，B：148。并在"漫反射"右侧的效果选项框中添加"材质/贴图浏览器"中的"RGB 倍增"效果，进入漫反射 — RGB Multiply（RGB 倍增）的参数面板。

2 灯罩 — 蓝色漆 — 漫反射- RGB Multiply参数面板：在"RGB 倍增参数"中，将"颜色#2"修改为浅紫色，即R：219，G：193，B：251。

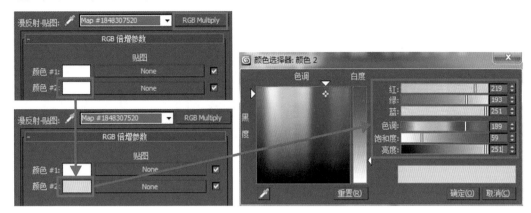

3 灯罩 — 蓝色漆 — 漫反射 — RGB Multiply参数面板：在"RGB 倍增参数"中，给"颜色#1"的右侧效果选项框中添加一张位图，位图素材为：地中海灯贴图。完成灯罩 — 蓝色漆 — 漫反射的设置，点击 转到父对象，回到灯罩 — 蓝色漆的VRayMtl参数面板。

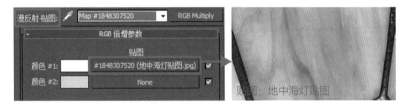

贴图：地中海灯贴图

4 灯罩 — 蓝色漆 — VRayMtl反射：将"反射"的颜色修改为图示颜色，即R：25，G：25，B：25。

5 灯罩 — 蓝色漆 — VRayMtl折射：将"折射"的颜色修改为图示颜色，即R：29，G：29，B：29。将"折射率"修改为：1.01，并勾选"影响阴影"。在"影响通道"选项中，选择"颜色+alpha"。设置好"反射""折射"的参数，完成灯罩 — 蓝色漆的材质设置。

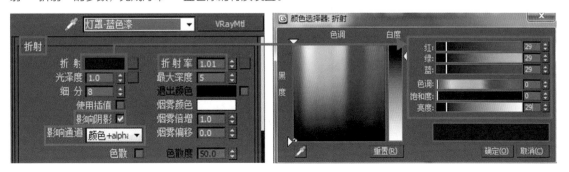

6 图示为设置好的灯罩 — 蓝色漆材质，用同样的方法将"灯罩 — 深蓝色漆""灯罩 — 黄色漆"制作出来，并加载至相关的吊灯模型并进行测试渲染。

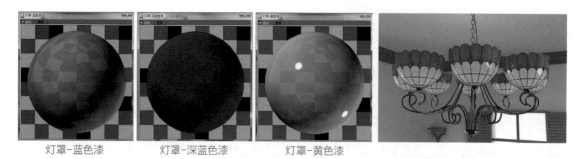

灯罩-蓝色漆　　　灯罩-深蓝色漆　　　灯罩-黄色漆

（3）装饰品

· 蜡烛

1 材质编辑器：调出材质编辑器快捷键 M，将材质球"Standard"改为"VRayMtl"，并命名为：蜡烛。

VRayMtl材质球 — 漫反射：将"漫反射"的颜色修改为褐色，即R：110，G：76，B：35。

VRayMtl材质球 — 反射：将"反射"的颜色修改为深灰色，即R：15，G：15，B：15。高光光泽度为：0.6，反射光泽度为：0.8。完成蜡烛漫反射、反射的参数设置。

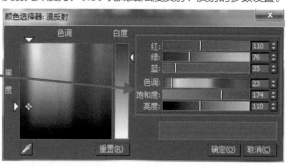

2 蜡烛 — VRayMtl材质球 — 折射：将"折射"的颜色修改为深灰色，即R：50，G：50，B：50。光泽度修改为：0.7，勾选"影响阴影"。将"烟雾颜色"修改为：黄褐色，即R：111，G：76，B：35。并将"烟雾倍增"修改为：0.15。

蜡烛 — VRayMtl材质球 — 半透明：将半透明"类型"修改为：硬（蜡）模型，并将"厚度"修改为：15.0，"前/后分配比"修改为：0.5，"灯光倍增"修改为：15.0。完成蜡烛折射、半透明的基本参数设置。

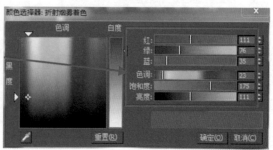

3 下拉至"BRDF-双向反射分布功能"选项，将"BRDF-双向反射分布功能"修改为：Phong。

4 下拉至"选项"参数面板，在"选项"中，取消勾选"双面""雾系统单位缩放"这两个选项。完成蜡烛 — VRayMtl材质的设置。

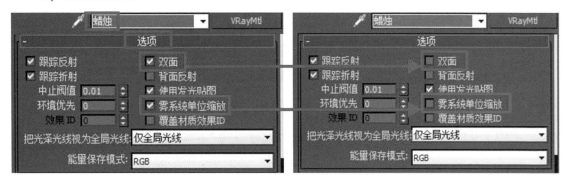

· 烛台1

5 材质编辑器：调出材质编辑器快捷键 M，将材质球"Standard"改为"VRayMtl"，并命名为：烛台1。

烛台1 — VRayMtl材质球 — 漫反射：将"漫反射"的颜色修改为深褐色，即R：18，G：8，B：0。

6 烛台1 — VRayMtl材质球 — 反射：将"反射"的颜色修改为深灰色，R：15，G：15，B：15。高光光泽度为：0.65，反射光泽度为：0.8。

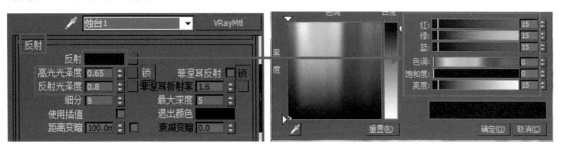

7 烛台1 — VRayMtl材质球 — 反射：在"反射"右侧的效果选项框中添加"材质/贴图浏览器"中的"噪波"效果，进入烛台1 — 反射 — Noise(噪波)的参数面板。

8 烛台1 — 反射 — Noise参数面板：在"噪波参数"中，将"噪波类型"修改为分形，并将"噪波阈值"的"大小："修改为：0.15，"高""低"分别修改为：0.8和0.3，"级别"修改为：6.0。

9 点击 转到父对象，回到烛台1VRayMtl的参数面板。

下拉至烛台1的"贴图"选项，将"反射"值修改为：12.0。完成烛台1VRayMtl材质的参数设置。

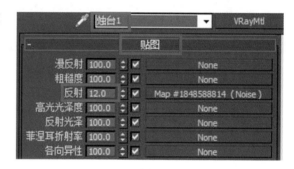

· 烛台2

10 材质编辑器：调出材质编辑器快捷键 **M**，将材质球"Standard"改为"VRayMtl"，并命名为：烛台2。

烛台2 — VRayMtl材质球 — 漫反射：在"漫反射"右侧的效果选项框中添加"材质/贴图浏览器"中的"VR_合成贴图"效果，并进入烛台2 — 漫反射 — VR_合成贴图的参数面板。

11 烛台2 — 漫反射
— VR_合成贴图参
数面板：在"VR-合
成贴图参数"中"源
A"的右侧选项框中
添加"材质/贴图浏览
器"中的"位图"效
果，位图素材为：烛
台贴图01，并进入
VR_合成贴图 — 源
A — Bitmap(位图)的
参数面板。

12 VR_合成贴图 —
源A — Bitmap参数
面板：在烛台贴图
01的"坐标"中，
将"瓷砖"的U值修
改为：1.1，V值修改
为：1.0，将"模糊
值"修改为：0.3。

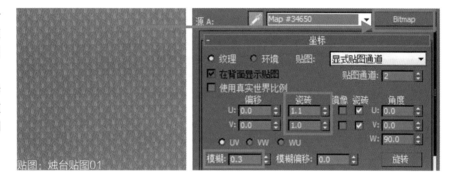

13 点击 ![icon] 转到父对象，回到烛台2 — 漫反射 — VR_合成贴图参数面板。在"VR-合成贴图参数"中"源
B"的右侧选项框中添加"材质/贴图浏览器"中的"VR-颜色"效果，并进入VR_合成贴图 — 源B — VR-
颜色的参数面板。

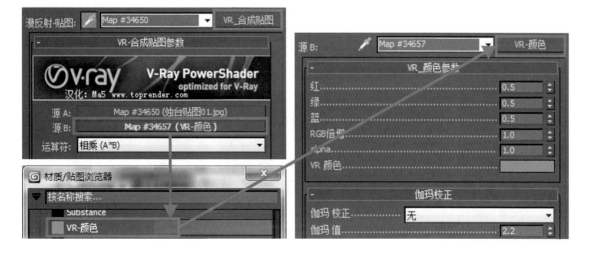

14 VR_合成贴图 — 源B — VR-颜色参数面板：在"VR_颜色参数"中，将"红""绿""蓝"三色的参数值分别修改为：0.561，0.318，0.059。并将"VR颜色"修改为土黄色，即R：143，G：81，B：15。完成烛台2 — 漫反射 — VR_合成贴图参数的设置。

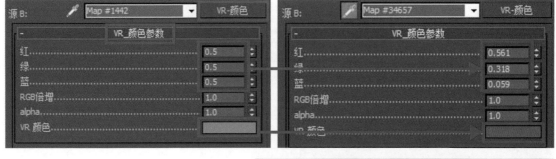

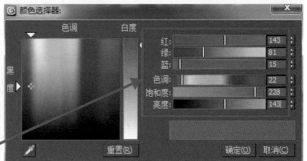

15 点击  转到父对象，回到烛台2 — VRayMtl的参数面板。

进入VRayMtl材质球 — 反射：将"反射"的颜色修改为深灰色，即R：25，G：25，B：25。高光光泽度为：0.65，反射光泽度为：0.85。完成烛台2VRayMtl材质的参数设置。

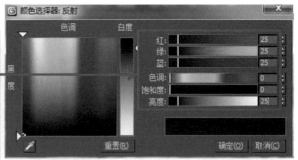

16 设置好蜡烛、烛台1、烛台2材质加载给相关的模型，并将材质给予模型的相关位置进行局部渲染。

蜡烛 　　　　　　　　烛台1 　　　　　　　　烛台2

· 灯塔工艺品 — 蓝色漆

17 材质编辑器：调出材质编辑器快捷键 **M**，将材质球"Standard"改为"VRayMtl"，并命名为：灯塔工艺品 — 蓝色漆。

灯塔工艺品 — 蓝色漆 — VRayMtl材质球 — 漫反射：将"漫反射"的颜色修改为深蓝色，即R：32，G：55，B：78。

 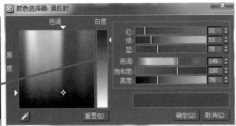

18 灯塔工艺品 — 蓝色漆 — VRayMtl材质球 — 反射：在"反射"右侧的选项框中添加"材质/贴图浏览器"中的"衰减"效果，并进入灯塔工艺品 — 蓝色漆 — 漫反射 — Falloff（衰减）的参数面板。

灯塔工艺品 — 蓝色漆 — 漫反射 — Falloff参数面板：在"衰减参数"中，默认"前""侧"衰减的颜色，并将"衰减类型"修改为：Fresnel。

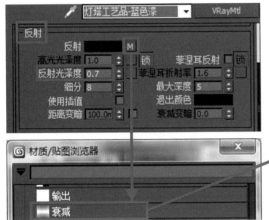 

19 材质编辑器：调出材质编辑器快捷键 **M**，将材质球"Standard"改为"VRayMtl"，并命名为：灯塔工艺品 — 白色漆。

灯塔工艺品 — 白色漆 — VRayMtl — 漫反射：将"漫反射"的颜色修改为浅白色，即R：238，G：238，B：238。

灯塔工艺品 — 白色漆 — VRayMtl — 反射：将"反射"的颜色修改为深灰色，即R：178，G：178，B：178。完成灯塔工艺品材质的设置，并将其材质加载至相关的模型，进行局部渲染。

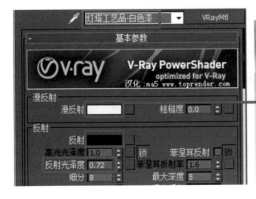 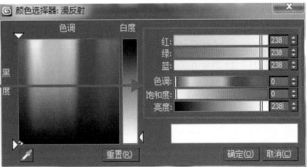

灯塔工艺品—蓝色漆

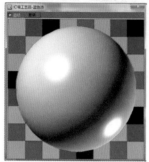

灯塔工艺品—白色漆

3.2.2.6　VR_物理摄像机及灯光设置

完成了场景中所有模型材质的设置后，可对3D场景进行灯光的制作与渲染。在进行灯光制作之前，将3.2.2.1设置摄像机章节中设置的VR_物理像机进行参数修改，设定的VR_物理像机参数后期可根据灯光渲染的空间明暗关系进行参数的二次调节。

本案例中灯光的设置将由空间的外到内、自上而下进行制作。灯光光源的类型分别为：自然光、吊灯、筒灯（射灯）、装饰光源等。

（1）VR_物理摄像机设置

1 调用VR_物理摄像机001并进入其修改器列表。

2 VR_物理摄像机001：在"基本参数"中，通过场景空间镜头角度的需求，调整其"片门大小"及"焦距"的参数值。"片门大小"：49.008，"焦距"：40.0。

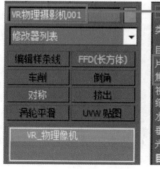

3 VR_物理摄像机001 —
基本参数：取消勾选"渐
晕"，将"白平衡"修改为：
自定义，并将"自定义平
衡"的颜色修改为淡黄色，
即R：255，G：237，B：
220。"快门速度（s^-1）"
修改为：15.0，"感光
速度（ISO）"修改为：
300.0。

4 VR_物理摄像机001
— 其他：在"其它"选项
中，勾选"剪切"，将"近
剪切平面""远剪切平面"
分别修改为：1890.0和
11550.0。并将"近端环境
范围""远端环境范围"分
别修改为：800.0和-120.0。
完成VR_物理摄像机001
的参数设置。

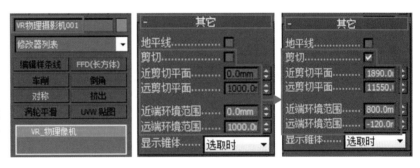

（2）KT光 — — 自然光设置

· 天光1：VR太阳001（VR_太阳）

1 在 ☀ "创建"面板中，找到 ◀ "灯光"创建。在灯光类型中选 [VRay ▾] VRay灯光，选择"VR_太阳"，在左视图模型的右上方位置进行"VR_太阳"创建，并将灯光命名为：VR太阳001。

2 在创建灯光的过程中，灯光的照射高度、覆盖范围、位置可根据测试效果进行调整。

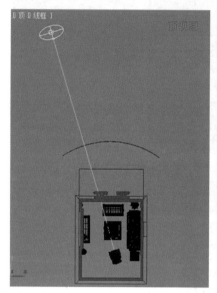
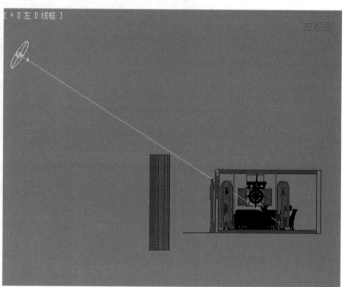

3 VR太阳001参数面板：
进入"VR_太阳参数"中，
将"强度倍增"修改为：
0.03，"阴影细分"修改为：
15，"光子发射半径"修改
为：2500.0。完成VR太阳
001参数的设置。

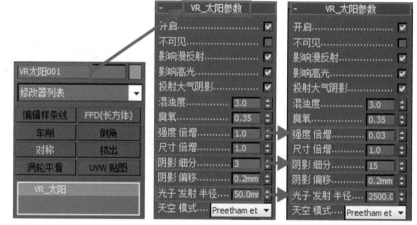

4 基于VR太阳001的创建下，对场景空间进行测试渲染，因为VR_太阳的作用，空间有了明显的光影关系，模拟傍晚黄昏的效果，光线柔和。但场景内部较为昏暗，需继续添加其他光源进行补光。

· 天光2：VR_平面光源001

5 在 ☀ "创建"面板中，找到 ◁ "灯光"创建。在灯光类型中选 [VRay ▼] VRay灯光，选择 "VR_光源"，在模型场景的前视图进行创建。并将 "VR_平面光源"命名为：VR_平面光源001。

6 在创建灯光的过程中，灯光的面积大小可根据测试效果进行调整。通过对顶、后、左视图对VR_平面光源001进行微调，让其灯光设置在场景模型格栅窗的位置，模拟光线进入场景空间的效果。

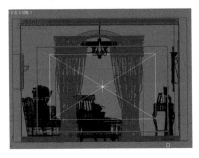

7 进入"VR_平面光源"— VR_平面光源001的修改命令列表。

8 VR_平面光源001参数面板：在"参数"中修改灯光的"倍增器"为：5.0，灯光的"颜色"为淡蓝色，即R：205，G：229，B：255。灯光面积的大小修改为"半长度"1150.0，"半宽度"685.0。

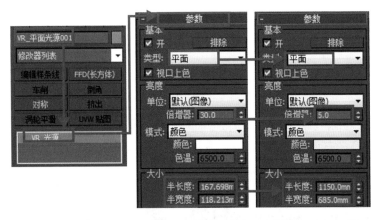

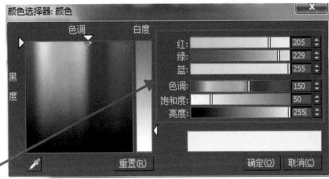

9 VR_平面光源001参数面板：在VR_平面光源001的"选项"中，勾选"不可见"（指灯光形状不可见）。在"采样"中，修改"细分"为：30。完成天光2VR_平面光源001的参数设置。

10 基于VR太阳001、VR_平面光源001的光源作用，对场景空间进行测试渲染，场景空间靠窗的位置有了一定的补光作用。但场景内部较为昏暗，需继续添加其他光源进行补光。

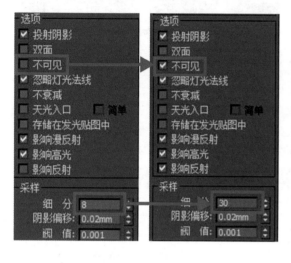

· 天光3：VR_平面光源002

11 在 ✦ "创建"面板中，找到 ◀ "灯光"创建。在灯光类型中选 [VRay] VRay灯光，选择"VR_光源"，在模型场景的前视图进行创建。并将"VR_平面光源"命名为：VR_平面光源002。

12 在创建灯光的过程中，灯光的面积大小可根据测试效果进行调整。通过在顶、前、左视图对VR_平面光源002进行微调，让其灯光设置在场景空间靠入户门的位置，给空间内部进行整体补光效果的配合。

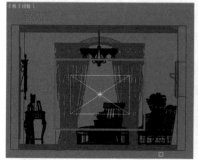

13 进入"VR_平面光源"— VR_平面光源002的修改命令列表。

14 VR_平面光源002参数面板：在"参数"中修改灯光的"倍增器"为：3.5，灯光的"颜色"修改为白色。灯光面积的大小修改为"半长度"645.0，"半宽度"402.0。

VR_平面光源002参数面板：在VR_平面光源002的"选项"中，勾选"不可见"（指灯光形状不可见）。在"采样"中，修改"细分"为：30。完成天光3VR_平面光源002的参数设置。

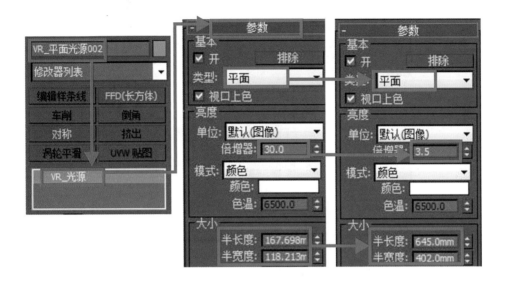

15 基于VR太阳001、VR_平面光源001、VR_平面光源002的光源作用，对场景空间进行测试渲染。

（3）灯光 —— 室内灯光设置

· 吊灯：VR_球体光源

1 在 ⬛ "创建"面板中，找到 ◀ "灯光"创建。在灯光类型中选 VRay灯光，选择"VR_球体光源"，在顶视图进行创建。

2 在顶视图创建灯光的过程中，灯光的面积大小可根据测试效果进行调整，并将灯光移至吊灯模型的灯罩位置，并进行拖移实例复制，完成所有灯罩的光源设置。

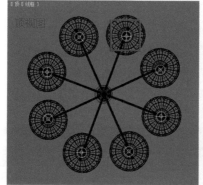

3 进入VR_球体光源 — 吊灯光源01的修改命令列表。

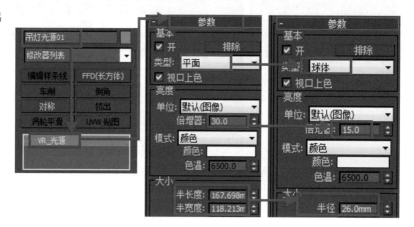

4 VR_球体光源 — 吊灯光源01：在顶视图创建VR_球体光源时，将灯光的类型从默认的"平面"修改为"球体"。在"参数"中，修改灯光的"倍增器"为：15.0，灯光的"颜色"修改为淡黄色，即R：255，G：239，B：215。"灯光类型"变为"球体"后，灯光的"大小"就从"半长度""半宽度"选项变为"半径"选项，"半径"为：26.0。在吊灯光源01的"选项"中，勾选"不可见"（指灯光形状不可见）。在"采样"中，修改"细分"为：30。完成吊灯光源01的参数设置，并进行空间局部渲染。

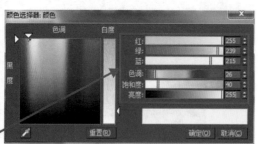

· 空间点光源：TPhotometricLight（目标灯光）

5 在 ▣ "创建"面板中，找到 ◀ "灯光"创建。在灯光类型中选 **光度学** ▾ 光度学，选择"目标灯光"，在前视图靠近吊顶天花的筒灯下方位置进行"目标灯光"创建。

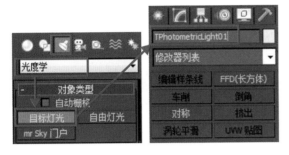
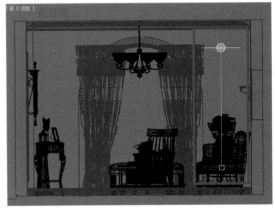

6 进入TPhotometricLight01的修改命令列表。在"常规参数"选项中勾选"启用阴影"，阴影类型修改为：VRayShadow。将"灯光分布（类型）"选项修改为：光度学Web。

7 将"灯光分布（类型）"选项修改为：光度学Web后，在选项下方将会出现"分布（光度学Web）"的参数面板。

8 点击"<选择光度学文件>"，并添加一个光域网灯光素材，素材命名为：地中海点光源.ies。

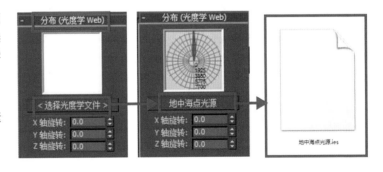

9 在"TPhotometricLight01"的"强度/颜色/衰减"参数面板中，修改光域网文件"地中海点光源.ies"的"强度"为：1516.0cd。"过滤颜色"默认为白色。完成TPhotometricLight01参数的设置。

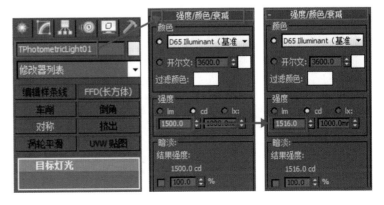

10 TPhotometricLight01 — 顶视图：在顶视图创建灯光的过程中，灯光的面积大小可根据测试效果进行调整，并将灯光移至要提亮的物品模型的位置。

选择TPhotometricLight01，进行实例复制，将复制出来的7个TPhotometricLight移至场景中需要补光的位置，完成所有点光源的设置。点光源主要为了提亮空间中家具、摆件等物品，让场景整体的光感更佳。

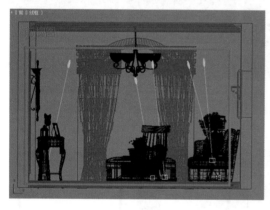

11 对空间进行测试渲染，场景中如果灯光效果不合理，可对其灯光源文件进行参数调整，或直接使用软件进行后期亮度和对比度的处理。

· 台灯：VR_球体光源

场景的天光模拟的是傍晚黄昏的效果，所以本案例中台灯不设置光源效果。如需设置光源，则采用前文中台灯 — 光源制作的方法进行设置，设置好的台灯灯光效果如图所示。

本节的场景出图参数设置与3.2.1.7的内容一致，请自行查阅，并设置出图参数。

附赠：

北欧家居室内风格表现、新中式家居室内风格表现的材质源文件，可通过扫描素材二维码进行下载。

素材文件